5
1969

Faserforschung und Textiltechnik

WISSENSCHAFTLICH-TECHNISCHE ZEITSCHRIFT FÜR DIE CHEMIEFASER- UND TEXTILINDUSTRIE

BEGRÜNDET VON
ERICH CORRENS UND WALTER FRENZEL

HERAUSGEGEBEN VON ERICH CORRENS
WOLFGANG BOBETH — HANS BÖHRINGER — HERMANN KLARE
BURKART PHILIPP — CHRISTIAN RUSCHER

SCHRIFTLEITER J. BRÄMER UND I. RUSCHER

AKADEMIE-VERLAG BERLIN

Faserforsch. u. Textiltechnik • 20. Jahrg. • Heft 5 • Seiten 211—258 • Berlin im Mai 1969

Philipp, Burkart

Professor Dr. Hermann Klare zur Vollendung des 60. Lebensjahres

Faserforsch. u. Textiltechnik **20** (1969) 5, S. 211—212. 1 Abb.

DK 541.124:546.265.14:54—128.2:532.14

Dautzenberg, Horst, und *Philipp, Burkart*

Zur Kinetik der Additionsreaktion zwischen CS_2 und verschiedenen Anionen unter besonderer Berücksichtigung ihrer Abhängigkeit von der Hydroxylionenkonzentration

Faserforsch. u. Textiltechnik **20** (1969) 5, S. 213—218. 3 Abb., 3 Tab., 19 Lit.

Für die Umsetzung des CS_2 mit den Anionen OH′, SH′, OR′ und CS_2O'' wurde im Bereich 0 bis 30 °C die Temperaturabhängigkeit der Reaktionsgeschwindigkeitskonstante (RGK) ermittelt und eine Deutung der gefundenen Unterschiede im Häufigkeitsfaktor *s* und der Aktivierungsenergie E_A der *Arrhenius*-Gleichung versucht. Untersuchungen zur Ionenstärkeabhängigkeit der RGK zweiter Ordnung ergaben für die Umsetzung mit OH′, SH′, OR′, nicht aber für die Reaktion mit CS_2O'', eine zusätzliche ionenspezifische Erhöhung der RGK mit steigender Hydroxylionenkonzentration oberhalb ≈ 1 m.

DK 661.728.84:541.135:541.182.644:532.72:535.827.2

Purz, Hans-Joachim, und *Gröbe, Anneliese*

Mikroskopische Untersuchungen zur Struktur von Cellulosexanthogenatgelen

Teil II: Gelstrukturen durch zentripetale Diffusion von Elektrolyten

Faserforsch. u. Textiltechnik **20** (1969) 5, S. 219—224 (+ 1 S. Farbbilder). 10 Abb., 2 Tab., 15 Lit.

Die Struktur von ionotropen Cellulosexanthogenatgelen, die durch zentripetale Diffusion von Elektrolyten in das Sol entstehen, wird lichtmikroskopisch untersucht. Das Verhalten verschiedener Elektrolyte bei der Bildung von Gelsphäriten wird geprüft, und der Mechanismus zur Ausbildung von Kapillarstrukturen wird diskutiert.

DK 678.674′524′420:541.124:543.21:546.711—44

Reinisch, Gerhard, Zimmermann, Heinz, und *Rafler, Gerald*

Zur gravimetrisch-kinetischen Analyse der Polyäthylenterephthalatbildung im offenen System

Faserforsch. u. Textiltechnik **20** (1969) 5, S. 225—230. 4 Abb., 12 Tab., 13 Lit.

Eine Methodik zur kinetischen Analyse der Polykondensation von Bis-(β-hydroxyäthyl)-terephthalat im offenen System für $p \leq 0{,}97$ wird beschrieben und kritisch beurteilt. Die mangankatalysierte Reaktion verläuft in diesem System bis $\overline{P}_n \leq 30$ nach zweiter Ordnung. $\overline{k}_{II}(\tau)$ für 250, 265 und 280 °C und $5 \cdot 10^{-4}$ mol Mn $(CH_3COO)_2$/mol Monomeres sowie E_A werden angegeben.

DK 677.494.745.32:677.494.745.32—134.325:677.494.021.5 677.494.061.3:537.533.35

Gröbe, Volker, und *Gieseke, Renate*

Vergleich der Struktur und des Farbstoffaufnahmevermögens von Fäden aus Polyacrylnitril und Acrylnitril/Methylacrylat-Copolymerisaten

Faserforsch. u. Textiltechnik **20** (1969) 5, S. 231—241. 13 Abb., 7 Tab., 17 Lit.

Unverstreckte Gelfäden aus binären Acrylnitril/Methylacrylat-Copolymerisaten weisen — wenn sie aus wäßrigen Fällmedien ersponnen wurden — im Elektronenmikroskop eine andere Morphologie auf als Homopolymerisatfäden: Im Innern der Copolymerisatfäden liegt das Polymergefüge in Form großer, kugelartiger Struktureinheiten vor, während die Homopolymerisatfäden an diesen Stellen ein feinmaschiges Netzwerk enthalten. Als wichtigste Konsequenz ergibt sich, daß jene Copolymerisatfäden weniger Farbstoff aufnehmen.

DK 678.742.3:539.26:548.735.44:546.217:535.3

Teichgräber, Michael, und *Schilling, Bernhard*

Die übermolekulare Struktur hochpolymerer Verbindungen

Teil VII: Röntgendiffraktometrische Bestimmung eines absoluten Kristallinitätsgrades an Polypropylen mittels eines Fourierverfahrens

Faserforsch. u. Textiltechnik **20** (1969) 5, S. 242—248. 4 Abb., 2 Tab., 7 Lit.

Nachfolgend wird über die röntgenographische Bestimmung eines absoluten Kristallinitätsgrades an zwei ausgewählten Polypropylensubstanzen berichtet. Nachdem in den vorangegangenen Arbeiten Teil I bis V zunächst ein Fourierverfahren zur quantitativen Analyse von Röntgenstreukurven abgeleitet wurde, stellt die vorliegende Arbeit zusammen mit dem Teil V eine erste experimentelle Anwendung dieses Verfahrens dar.
Die hier bestimmten Kristallinitätsgrade werden mit den Werten verglichen, die man unter Verwendung bekannter und üblicher Verfahren erhält. Dabei wird auf den möglichen Einfluß der Luftstreuung eingegangen. Zur Charakterisierung der Genauigkeit des Fourierverfahrens wird ein „Discrepancy Factor" R eingeführt.

DK 389.6:539.412:677.017.272:677.017.42

Winkler, Friedrich

Zur Toleranz der Vorspannkräfte und deren ökonomisch optimaler Berücksichtigung in der Textilprüfung

Faserforsch. u. Textiltechnik **20** (1969) 5, S. 249—252. 3 Abb., 3 Tab., 14 Lit.

Es wird gezeigt, daß es mit 16 Vorspannkräften bzw. Vorspannmassestücken je Zehnerpotenz der Feinheit möglich ist, eine Toleranz der feinheitsbezogenen Vorspannkraft von ± 10% bei einer Toleranz der Vorspannkraft von ± 2,4% in ökonomisch optimaler Weise zu verwirklichen.

Die Zeitschrift „Faserforschung und Textiltechnik" erscheint monatlich in Heften zu 48 Textseiten im Format A 4. Der Preis für das Einzelheft beträgt M 15,– (Sonderpreis für DDR M 9,–), für den Vierteljahrbezug M 45,– (Sonderpreis für DDR M 27,–), zuzügl. Bestellgeld. Die Berechnung erfolgt zu Beginn eines Vierteljahrs für 3 Hefte. Bestellungen aus dem Gebiet der Deutschen Demokratischen Republik an ein Postamt, eine Buchhandlung oder den Verlag, aus der Deutschen Bundesrepublik an eine Buchhandlung oder die Auslieferungsstelle Kunst und Wissen, Erich Bieber, 7 Stuttgart 1, Wilhelmstraße 4–6, aus dem Ausland an eine Importbuchhandlung, den Deutschen Buch-Export und -Import GmbH., 701 Leipzig, Postschließfach 276, oder den Akademie-Verlag GmbH., 108 Berlin, Leipziger Str. 3–4 (Fernruf: 220441; Telex-Nr. 0112020; Postscheckkonto 35021) erbeten. Bestellnummer dieses Heftes: 1014/20/5. Alleinige Anzeigenannahme DEWAG-WERBUNG, 102 Berlin, Rosenthaler Str. 28/31, und alle DEWAG-Betriebe in den Bezirksstädten der DDR. – Bestellungen in der UdSSR nehmen entgegen: Städtische Abteilungen von „SOJUZPECHATJ" bzw. Postämter und Postkontore.

Herausgeber und verantwortlich für den Inhalt: Prof. Dr. Erich Correns, Institut für Faserstoff-Forschung der Deutschen Akademie der Wissenschaften zu Berlin, 153 Teltow-Seehof, Fernruf: Teltow 4831; Prof. Dr.-Ing. habil. Wolfgang Bobeth, Institut für Technologie der Fasern der Deutschen Akademie der Wissenschaften zu Berlin, 801 Dresden, Hohe Str. 6, Fernruf: 44721; Prof. Dr.-Ing. Hans Böhringer, Institut für Textiltechnologie der Chemiefasern Rudolstadt, Fernruf: Rudolstadt 2031; Prof. Dr. Hermann Klare, Prof. Dr. habil. Burkart Philipp und Dr. Christian Ruscher, Institut für Faserstoff-Forschung der Deutschen Akademie der Wissenschaften zu Berlin, 153 Teltow-Seehof, Fernruf: Teltow 4831. Schriftleiter: Joachim Brämer und Dipl.-Chem. Ingeborg Ruscher, 153 Teltow-Seehof, Kantstr. 55. Verlag: Akademie-Verlag GmbH., 108 Berlin, Leipziger Str. 3–4. Satz und Druck: Druckhaus „Maxim Gorki", 74 Altenburg. – Veröffentlicht unter der Lizenznummer 1280 des Presseamtes beim Vorsitzenden des Ministerrates der Deutschen Demokratischen Republik.

Faserforschung und Textiltechnik

WISSENSCHAFTLICH-TECHNISCHE ZEITSCHRIFT FÜR DIE CHEMIEFASER- UND TEXTILINDUSTRIE

Band 20 Mai 1969 Heft 5

Professor Dr. Hermann Klare zur Vollendung des 60. Lebensjahres

Am 12. Mai 1969 vollendet Professor Dr. *Hermann Klare* das 60. Lebensjahr. Als äußeres Zeichen langjähriger Verbundenheit widmen ihm aus diesem Anlaß Mitarbeiter des Instituts für Faserstoff-Forschung der DAW eine Reihe von Arbeiten, die in diesem Heft veröffentlicht werden.

Nach dem Besuch des humanistischen Gymnasiums in seiner Heimatstadt Hameln nahm *Hermann Klare* sein Chemiestudium in Heidelberg und Kiel auf und promovierte 1933 mit Auszeichnung an der Universität Kiel mit einer Arbeit zur *Diels-Alder*-Reaktion. Sein anschließend beginnender Berufsweg stand für 35 Jahre ganz im Zeichen der Chemiefasern, deren wissenschaftlich-technische Entwicklung er in unserem Lande wesentlich mitgestaltete. Nach einigen Jahren Tätigkeit auf dem Viskosegebiet war er ab 1939 maßgeblich an der Ausarbeitung und Produktionseinführung des damals völlig neuen „Perlon"-Verfahrens beteiligt. Als führendes Mitglied einer Gruppe deutscher Chemiker und Ingenieure war er von 1947 bis 1949 beim Aufbau einer Syntheseseiden-Fabrik in der Sowjetunion tätig, um dann anschließend die wissenschaftlich-technische Leitung und ab 1951 die Gesamtleitung des Chemiefaserwerkes „Wilhelm Pieck" in Schwarza zu übernehmen. 1953 trat *Hermann Klare* in das Institut für Faserstoff-Forschung der Deutschen Akademie der Wissenschaften ein, das er von 1962 an als Direktor leitete, bis er 1968 zum Präsidenten der Deutschen Akademie der Wissenschaften zu Berlin berufen wurde, nachdem er bereits vorher ab 1961 Vorsitzender der Forschungsgemeinschaft der naturwissenschaftlichen, technischen und medizinischen Institute der Akademie war. Während seiner Tätigkeit im Institut für Faserstoff-Forschung leistete *H. Klare* gemeinsam mit dem von ihm geleiteten Kollektiv außerordentlich erfolgreiche wissenschaftliche Forschungsarbeiten auf dem Gebiet der Chemiefaserstoffe auf Cellulosebasis, wobei hier vor allem die international bekannten Untersuchungen zum Mechanismus der Fadenbildung hervorgehoben seien. Daneben gab er vielfältige wissenschaftliche und wissenschaftlich-technische Anregungen für die auf dem Gebiet der Synthesefasern tätigen Abteilungen des Instituts. Äußere Anerkennung fanden seine wissenschaftlichen und wissenschaftlich-technischen Leistungen durch die Wahl zum ordentlichen Mitglied der DAW 1961, durch die Verleihung des Ehrentitels „Verdienter Erfinder" 1950, des Vaterländischen Verdienstordens 1959, des Ordens „Banner der Arbeit" 1969 und durch die Auszeichnung mit dem Nationalpreis der DDR 1951 und 1963.

Allzeit ist *Hermann Klare* bemüht, sein Wissen und seine Erfahrungen uneigennützig weiter zu vermitteln, durch persönliche Gespräche, durch Veröffentlichungen, durch seine ständige Mitarbeit an dieser Zeitschrift und nicht zuletzt durch das von ihm herausgegebene international bekannte Standardwerk auf dem Gebiet der Polyamidfaserstoffe „Technologie und Chemie der synthetischen Fasern aus Polyamiden". Das Bild des Wissenschaftlers *Hermann Klare* wäre unvollständig, wollte es allein auf die eigene fachliche Leistung beschränkt bleiben. Gleichwertig daneben stehen seine Verdienste als Mensch und als Organisator wissenschaftlicher Forschung. Als Leiter eines großen Institutskollektivs hat er es stets verstanden, eine von ihm als richtig erkannte Konzeption zu verwirklichen, und dabei trotz vielfältigster beruflicher Belastung stets Zeit zu finden für die Sorgen und Probleme jedes einzelnen Mitarbeiters und — wo es nötig schien — mit Rat und Tat ohne viel Aufhebens wirksam zu helfen. Es war ihm allzeit ein wichtiges Anliegen, eine wissenschaftliche Gemeinschaftsarbeit tatkräftig zu fördern und durchzusetzen und dabei zugleich den Weg einer engen Verbindung zwischen Grundlagenforschung und Produktionspraxis für das von ihm geleitete Institut konsequent weiter zu beschreiten. Wie er selbst immer wieder betonte, ist ihm der Verzicht auf die liebgewordene Arbeit in seinem Fachgebiet und in seinem Institut recht schwer geworden. Er hat diesen Verzicht auf sich genommen aus Verantwortung für die Gesamtheit, um als Präsident der DAW sein Wissen und Können, seine Ideen und seine Erfahrung der gesamten wissenschaftlichen Forschung unserer Republik zur Verfügung zu stellen. Für diese hohen und verantwortungsvollen Aufgaben wünschen Herausgeber und Schriftleiter dieser Zeitschrift sowie Belegschaft und Leitung seines ehemaligen Instituts Prof. Dr. *Klare* anläßlich seines Geburtstages Kraft und Gesundheit und reichen Erfolg.

Im Namen der Herausgeber

B. Philipp

Zur Kinetik der Additionsreaktion zwischen CS_2 und verschiedenen Anionen unter besonderer Berücksichtigung ihrer Abhängigkeit von der Hydroxylionenkonzentration

Horst Dautzenberg und Burkart Philipp

Deutsche Akademie der Wissenschaften zu Berlin, Institut für Faserstoff-Forschung in Teltow-Seehof

Herrn Prof. Dr. Hermann Klare zur Vollendung des 60. Lebensjahres gewidmet

DK 541.124:546.265.14:54—128.2:532.14

Für die Umsetzung des CS_2 mit den Anionen OH′, SH′, OR′ und CS_2O'' wurde im Bereich 0 bis 30 °C die Temperaturabhängigkeit der Reaktionsgeschwindigkeitskonstante (RGK) ermittelt und eine Deutung der gefundenen Unterschiede im Häufigkeitsfaktor s und der Aktivierungsenergie E_A der *Arrhenius*-Gleichung versucht. Untersuchungen zur Ionenstärkeabhängigkeit der RGK zweiter Ordnung ergaben für die Umsetzung mit OH′, SH′, OR′, nicht aber für die Reaktion mit CS_2O'', eine zusätzliche ionenspezifische Erhöhung der RGK mit steigender Hydroxylionenkonzentration oberhalb ≈ 1 m.

О кинетике реакции присоединения CS_2 *к различным анионам с особым учетом ее зависимости от концентрации гидроксильных ионов*

Для взаимодействия CS_2 с анионами OH′, SH′, OR′ и CS_2O'' в области температур от 0 до 30°C определена температурная зависимость константы скорости реакции. Сделана попытка интерпретации установленных различий предэкспоненциального фактора s и энергии активации E_A в уравнении *Аррениуса*. При исследовании зависимости константы скорости реакции второго порядка от ионной силы растворов для реакций с OH′, SH′ и OR′ — но не для CS_2O'' — было найдено дополнительное специфическое повышение константы скорости с возрастающей концентрацией гидроксильных ионов в области > 1 M растворов.

Kinetics of Addition Reactions between CS_2 *and Various Anions, Regarding predominantly the Effect of Hydroxyl Ion Concentration*

The temperature dependence of the rate constants in reacting CS_2 with OH′, SH′, OR′, and CS_2O'' anions has been investigated. An explanation is attempted of the differences found in activation energies E_A and frequency factors s of the *Arrhenius* equation. Investigations into the dependence of the second order rate constant on ionic strength revealed an additional ion-specific increase of the rate constant with rising hydroxyl ion concentration above about 1 m for the reactions with OH′, SH′, and OR′, but not so for the reaction with CS_2O''.

1. *Einführung*

Die im System $CS_2/OH'/ROH$ ablaufenden Bildungsreaktionen lassen sich unter dem gemeinsamen Gesichtspunkt einer bimolekularen Additionsreaktion zwischen CS_2 und dem betreffenden Anion als geschwindigkeitsbestimmendem Primärschritt betrachten:

$$CS_2 + OH' \rightarrow CS_2OH' \underset{\nwarrow H^\cdot}{\overset{OH'\searrow}{\rightleftharpoons}} CS_2O'' \qquad \text{(vgl. [1 bis 3])},$$

$$CS_2 + OR' \rightarrow ROCSS' \qquad \text{(vgl. z. B. [4])},$$

$$CS_2 + SH' \rightarrow CS_3H' \underset{\nwarrow H^\cdot}{\overset{OH'\searrow}{\rightleftharpoons}} CS_3'' \quad \text{bzw.} \quad CS_2 + S'' \rightarrow CS_3''$$

(vgl. [2, 3] und [5 bis 7]).

Auch die Bildung von Trithiocarbonat aus Dithiocarbonat und CS_2 nach

$$CS_2 + CS_2O'' \rightarrow CS_3'' + COS \qquad \text{(vgl. [3])}$$

und die Entstehung von Dithiocarbaminat durch nukleophile Addition von Amin an CS_2

$$CS_2 + R_1R_2NH \rightarrow R_1R_2NCSS' + H^\cdot$$

fügen sich in dieses Schema ein. Durch die Arbeiten verschiedener Autoren, u. a. von *Hovenkamp* [3], von *Wroński* [2] und von uns [1, 6], wurden Geschwindigkeitskonstanten (RGK) für diese Umsetzungen bekannt, wobei allerdings die Einzel-RGK-Werte oft nur in einem recht engen Temperaturintervall und vielfach nur bei einer bestimmten Hydroxylionenkonzentration gemessen wurden. Nicht zuletzt im Hinblick auf eine Anwendung dieser in den letzten Jahren gewonnenen Erkenntnisse zur Kinetik der Umsetzungen des CS_2 in wäßrig-alkalischem Medium für eine exaktere Kontrolle und Beherrschung des technischen Viskoseprozesses erschien es uns zweckmäßig, für die oben aufgeführten Einzelreaktionen die Aktivierungsenergien zu bestimmen und in einem weiten Bereich der OH′-Konzentration die RGK-Werte zu messen, zumal bereits unsere früher veröffentlichten Messungen zur Kinetik der Dithiocarbaminatbildung [8] auf einen über die „normale Ionenstärkeabhängigkeit" hinausgehenden Einfluß von [OH′] auf die RGK im stark alkalischen Medium hingewiesen hatten.

2. *Angaben zur Versuchsmethodik*

Der zeitliche Verlauf der in der Einführung genannten Reaktionen wurde unter Homogenbedingungen bei Hydroxylionenkonzentrationen zwischen 0,05 und 5 m im Temperaturintervall zwischen 0 und 30 °C verfolgt, wobei wir uns einer Kombination von Polarographie und Spektralfotometrie als Arbeitsmethode bedienten.

Sämtliche handelsüblichen Reagenzien wurden in „p.a."-Qualität eingesetzt. Eine Dithiocarbonatstammlösung bereiteten wir durch Umsetzung von 10 ml ges. CS_2-Wasser mit 10 ml 10 m NaOH unter Zusatz von KCN als Antioxydans bei 20 bis 40 °C während 5 bis 10 min mit anschließender spektralfotometrischer Bestimmung des Gehalts an CS_2O'', CS_3'' und S″ (vgl. [9]), eine Monothiocarbonatstammlösung durch Einleiten von COS-Gas in 5 m NaOH bei −20 °C (vgl. [10]). Na-Trithiocarbonat wurde nach einer Laborvorschrift durch Umsetzen von Na_2S mit CS_2 hergestellt mit einem Reinheitsgrad von 95%.

Die Zugabe von CS_2 erfolgte stets in Form der gesättigten wäßrigen Lösung. Den Reaktionsverlauf verfolgten wir entweder unmittelbar in einer auf ± 0,1% temperierten polarographischen Zelle durch kontinuierliche Registrierung der

Stufenhöhe bei vorgegebenem Potential der Tropfelektrode bzw. durch Aufnahme von Polarogrammen in geeigneten Zeitabständen, oder — vor allem beim spektralfotometrischen Arbeiten — durch Entnahme und sofortige Untersuchung einzelner Proben aus temperierten Reaktionsgefäßen. Als Antioxydans enthielten fast alle, insbesondere aber die zu spektralfotometrischen Messungen herangezogenen Lösungen, 1‰ KCN. Die Anfangskonzentration des CS_2 lag stets um 2 bis 3 Zehnerpotenzen niedriger als die des anionischen Reaktionspartners, so daß die Abnahme von $[CS_2]$ nach einem Zeitgesetz erster Ordnung ausgewertet werden konnte. Da die so gewonnene RGK „$_1k$" eine Gesamt-RGK für den CS_2-Umsatz darstellt und in den alkalischen Reaktionslösungen stets eine Umsetzung von OH'-Ionen mit CS_2 zum Dithiocarbonat stattfindet, mußte bei der Ermittlung der RGK für die Umsetzung von RO', SH' und CS_2O'' mit CS_2 der Beitrag dieser parallel ablaufenden Reaktion berücksichtigt werden. Das konnte entweder bei bekannter RGK der Dithiocarbonatbildung rechnerisch oder durch eine Aufschlüsselung von $_1k$ auf Grund des nach Beendigung des Versuches ermittelten Verhältnisses der Reaktionsprodukte erfolgen. Die Division der erhaltenen Einzelbeiträge zu $_1k$ durch die zugehörigen und während der Meßzeit praktisch konstanten Konzentrationen der anionischen Reaktionspartner ergab dann die gesuchten RGK-Werte zweiter Ordnung „$_2k$".

Hinsichtlich unserer polarographischen Arbeitsweise zur Verfolgung der Konzentrationsänderung des CS_2 sowie zur Bestimmung von Sulfid, Thiocarbonaten, Xanthogenaten und Alkylmonothiocarbonat sei auf frühere Veröffentlichungen verwiesen (z. B. [8, 11, 12]). Als Spektrofotometer verwendeten wir ein Einstrahlgerät „Beckman DU G 4700" und setzten dieses Gerät vor allem dann ein, wenn — wie im Falle der Umsetzung zwischen Sulfid oder Dithiocarbonat und CS_2 — Sulfid, Di- und Trithiocarbonat nebeneinander bestimmt werden mußten. Über die zur Auswertung für die einzelnen Substanzen herangezogenen Wellenlängen und die zugehörigen molaren Extinktionskoeffizienten orientiert die Tabelle 1.

Tabelle 1. Molare Extinktionskoeffizienten von Sulfid, Di- und Trithiocarbonat in 5 m NaOH bei den zur Auswertung der spektralfotometrischen Messungen herangezogenen Wellenlängen

	228 nm	272 nm	336 nm
S''	7280	20 19 [9]	v v [9]
CS_2O''	7905	10490 10500 [9]	v v [9]
CS_3''	9210	665 v [9]	19000 17000 [9]

v = vernachlässigbar

3. Ergebnisse und Diskussion

3.1. Vergleich der einzelnen RGK-Werte und ihrer Temperaturabhängigkeit bei definierter Laugenkonzentration

Die von uns für eine Reaktionstemperatur von 10 °C ermittelten RGK-Werte für die einzelnen Additionsreaktionen sind in Tabelle 2 gegenübergestellt. Mit aufgenommen wurden die von *Hovenkamp* [9] bei einer Temperatur von ungefähr 25 °C erhaltenen Werte sowie unsere auf die von ihm angewandten Bedingungen umgerechneten Daten. Die Übereinstimmung ist für die Umsetzungen des CS_2 mit Hydroxylionen, Sulfidionen und Alkoxyanionen recht gut, kann aber in Anbetracht des komplizierten Systems auch für die Trithiocarbonatbildung aus CS_2 und Dithiocarbonat als befriedigend angesehen werden. Für die unter Position I bis IV der Tabelle 2 aufgeführten Additionsreaktionen zeigt sich eine klare Abstufung in der RGK des heute allgemein als geschwindigkeitsbestimmend angenommenen bimolekularen Primärschrittes, aus der man auf eine zunehmende Nukleophilie gegenüber CS_2 in der Reihenfolge OH' < SH' bzw. S'' < R_2NH < RO' schließen kann. Bemerkenswert erscheint die zuerst von *Hovenkamp* ([2, 9], s. a. [13]) nachgewiesene und hier eindeutig bestätigte rasche Umsetzung von Dithiocarbonatanionen mit CS_2 zu Trithiocarbonat, wobei man nach unseren Ergebnissen für das Dithiocarbonation eine etwa gleich hohe Nukleophilie gegenüber CS_2 annehmen könnte wie für ein Alkoxyanion, wenn man sich vorstellt, daß die Bildung des Trithiocarbonats über einen im geschwindigkeitsbestimmenden Schritt entstehenden Reaktionskomplex aus CS_2O'' und CS_2 mit anschließender rascher

Tabelle 2. Vergleich der RGK-Werte $_2k$ für die Umsetzung von CS_2 mit verschiedenen Anionen sowie mit Amin

Umsetzung mit	Eigene Messung bei 10 °C [NaOH] mol/l	Eigene Messung bei 10 °C $_2k$ $min^{-1} l mol^{-1}$	Meßwerte v. *Hovenkamp* [9] bei 25 °C [NaOH] mol/l	Meßwerte v. *Hovenkamp* [9] bei 25 °C $_2k$ $min^{-1} l mol^{-1}$	Eigene Meßwerte für $_2k$ auf gleiche Bedingungen umgerechnet
I. OH'	0,1	0,009	0,2···0,7	0,065	0,060
II. SH' bzw. S''	0,1	0,085	0,05	0,58	0,56
III. RO' ($R = C_2H_5$)	0,1	4,7*)	0,7	24,8*)	22,1*)
IV. R_2NH ($R = C_2H_5$)	0,1	2,6	—	—	—
V. CS_2O''	1,0	5,9	0,7	15	23
VI. CSO_2''	5,0	2,6	—	—	—

*) Angegeben wurden sog. „wahre" Xanthogenierungs-RGK k_x' der Reaktion $RO' + CS_2 \rightarrow ROCS_2'$, die mit der sog. „scheinbaren" Xanthogenierungs-RGK k_x der Brutto-Reaktion $ROH + CS_2 + OH' \rightarrow ROCS_2' + H_2O$ für Alkohole niedriger Acidität entsprechend $k_x' \approx k_x \cdot K_w/K_D$ zusammenhängen, wobei $K_w = [H^·][OH']$ das Ionenprodukt des Wassers und K_D die Dissoziationskonstante des Alkohols ist (vgl. [14]). Die Zuverlässigkeit eines Wertes für k_x' hängt damit wesentlich davon ab, mit welcher Genauigkeit und Zuverlässigkeit K_D bestimmt werden kann. Die Diskrepanz zwischen einer Angabe für k_x' in einer unserer früheren Arbeiten [4] und dem hier aufgeführten Wert erklärt sich aus dem hier verwendeten neueren, u. E. zuverlässigeren Wert für K_D des Äthanols (vgl. [15]).

COS-Abspaltung abläuft:

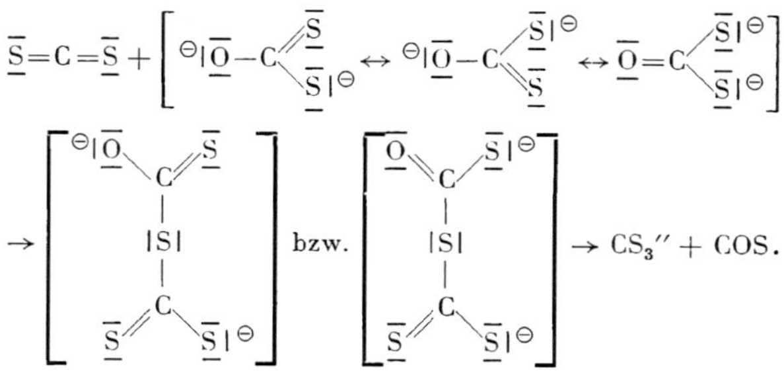

Die Bildung eines Reaktionskomplexes über eine >C—O—C<-Bindung kann selbstverständlich nicht ausgeschlossen werden, seine anschließende Spaltung würde jedoch zu den Ausgangsprodukten zurückführen, so daß dieser Reaktionsweg für eine Trithiocarbonatbildung nicht wirksam werden kann. Nach den von uns erhaltenen Ergebnissen findet offensichtlich eine ähnlich rasche Umsetzung auch zwischen Monothiocarbonatanionen und CS_2 statt. Möglich erscheint dabei sowohl die Bildung eines Reaktionskomplexes mit einer >C—S—C<-Bindung und anschließender Aufspaltung zu CO_2 und CS_3'' als auch eine primäre Bildung von Dithiocarbonat und COS über einen Reaktionskomplex mit >C—O—C<-Bindung mit anschließender Weiterreaktion des Dithiocarbonats mit CS_2 zum Trithiocarbonat. Wie aus dem gefundenen CS_3''-Anteil, der unveränderten RGK der Dithiocarbonatbildung und dem streng linearen Verlauf bei der Auswertung des CS_2-Umsatzes als Reaktion erster Ordnung zu schließen ist, dürfte der zweite Reaktionsweg jedoch bestenfalls eine untergeordnete Rolle spielen.

Die Temperaturabhängigkeit der einzelnen RGK soll anhand der *Arrhenius*schen Aktivierungsenergien E_A und der „Häufigkeitsfaktoren" s der *Arrhenius*-Gleichung $k = s \cdot \exp(-E_A/RT)$ diskutiert werden (Tabelle 3), wobei für die meisten der angeführten Reaktionen eigene Meßwerte im Temperaturbereich 0 bis 30 °C zugrunde gelegt wurden und nur für die Aktivierungsenergie der Äthylxanthogenatbildung auf Daten von *Wroński* [16] zurückgegriffen wurde.

Mit eingetragen in Tabelle 3 wurden die aus den Häufigkeitsfaktoren nach $s = RT/\text{Nh} \cdot e^{-\Delta S^*/R}$ für eine Temperatur von 10 °C errechneten Aktivierungsentropien ΔS^*. Der für die Dithiocarbonatbildung aus CS_2 und OH′ gefundene Wert von $E_A = 20{,}8$ kcal/mol stimmt gut mit früheren Angaben von uns [1] und von *Wroński* [2] überein, wo für die Aktivierungsenergie der „Hydrolyse des CS_2" 20,6 bzw. 21,4 kcal/mol erhalten wurden. Der Anstieg der RGK k_2 ist in der Reihenfolge der Umsetzung von CS_2 mit OH′, S″ und R_2NH im wesentlichen auf eine starke Zunahme des Häufigkeitsfaktors bei annähernd gleicher Aktivierungsenergie von ca. 20 bis 21 kcal/mol zurückzuführen, während die hohe RGK der Umsetzungen mit RO′ und mit CS_2O'' im hier betrachteten Temperaturbereich eine Folge der wesentlich niedrigeren Aktivierungsenergien ist, denn bei diesen beiden Umsetzungen liegt der Häufigkeitsfaktor vergleichsweise ebenfalls recht niedrig. Die Abnahme der Häufigkeitsfaktoren und damit der Aktivierungsentropien in der Reihenfolge $S'' > OH' > CS_2O'' \approx RO'$ ließe sich vielleicht durch die Vorstellung verstehen, daß in der gleichen Reihenfolge die Bildung des Reaktionskomplexes eine zunehmende „Orientierung" des Anions in bezug auf die CS_2-Molekel erfordert und daher unter vergleichbaren Bedingungen der Quotient aus der Zahl der „günstigen" zur Zahl der „möglichen" Stöße abnimmt. Die Bildung des Dithiocarbaminats läßt sich als Reaktion zwischen zwei Neutralmolekeln nicht unmittelbar mit den anderen Umsetzungen zwischen Neutralmolekel und Anion vergleichen; eine mögliche Ursache des recht hohen Häufigkeitsfaktors wurde bereits in einer unserer früheren Arbeiten [8] diskutiert. Die gegenüber den Umsetzungen mit OH′ und S″ niedrigeren Aktivierungsenergien für die Reaktionen des CS_2 mit RO′ und CS_2O'' könnten möglicherweise mit dem unsymmetrischen Bau dieser Ionen und einer dadurch bedingten Störung in der „Gleichmäßigkeit" der Hydrathülle in Zusammenhang gebracht werden.

3.2. *Untersuchungen zur Abhängigkeit der RGK $_2k$ von der Ionenstärke, insbesondere von der OH′-Konzentration bzw. von der Sulfidkonzentration*

Bei allen in Tabelle 3 aufgeführten Umsetzungen zwischen CS_2 und einem Anion beobachteten wir eine gesicherte Zunahme der RGK $_2k$ mit steigender NaOH-Konzentration, sofern [OH′] einen Wert von etwa 0,5 mol/l überschritt, wobei dieser RGK-Anstieg für die einzelnen Umsetzungen recht unterschiedlich war, sowohl hinsichtlich seines relativen Beitrages, etwa beim Übergang von 1m zu 5m NaOH, als auch hin-

Tabelle 3. Aktivierungsenergien und Häufigkeitsfaktoren für die Umsetzung von CS_2 mit verschiedenen Anionen sowie mit Aminen

Umsetzung mit	[NaOH] mol/l	E_A [kcal/mol]	s [$min^{-1}l\,mol^{-1}$] für 10 °C	ΔS^* [cal/mol Grad] für 10 °C
I. OH′	5	19,5	$2{,}9 \cdot 10^{13}$	+ 3,2
OH′	2	20,4	$5{,}8 \cdot 10^{13}$	+ 4,5
OH′	1	20,8	$8{,}1 \cdot 10^{13}$	+ 5,1
II. SH′ bzw. S″	1	21,0	$1{,}1 \cdot 10^{15}$	+10,5
III. RO′ ($R = C_2H_5$)	0,1	16,0	$9{,}0 \cdot 10^{12}$	+ 0,3
IV. R_2NH ($R = C_2H_5$)	0,1	20,0	$5{,}5 \cdot 10^{15}$	+13,5
V. CS_2O''	2	15,5	$4{,}7 \cdot 10^{12}$	− 0,5

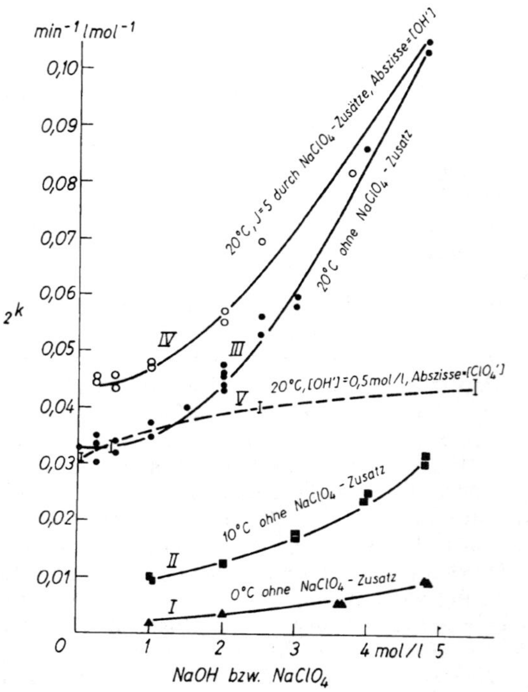

Bild 1. Einfluß der Hydroxylionenkonzentration auf die RGK $_2k$ der Umsetzung $CS_2 + OH' \rightarrow CS_2OH$

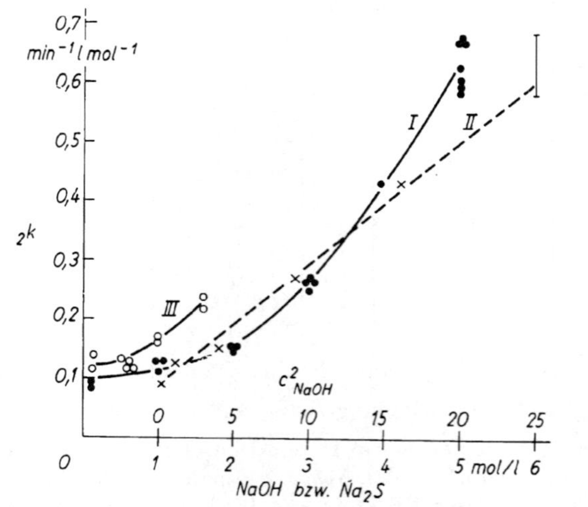

Bild 2. Einfluß der Hydroxyl- und der Sulfidionenkonzentration auf die RGK $_2k$ der Umsetzung $CS_2 + SH' \rightarrow CS_3H'$ bei 10 °C

Kurve I: $[SH'] = 0{,}3$ bis $0{,}5$ mol/l, $[OH']$ variabel
Kurve II: Kurve I als Funktion $_2k = f(c^2_{NaOH})$
Kurve III: $[OH'] = 1$ mol/l, $[SH']$ variabel

sichtlich der Form der Funktion $_2k = f(c_{NaOH})$. Einen entsprechenden Anstieg von $_2k$ mit $[OH']$ hatten wir bereits früher für die Bildung des Dithiocarbaminats festgestellt [8]. Zum besseren Verständnis sei nochmals darauf hingewiesen, daß bei den unter unmittelbarer Beteiligung von OH'-Ionen verlaufenden Reaktionen (Dithiocarbonatbildung, Xanthogenatbildung) die auf Grund des bimolekularen Reaktionsschrittes zwischen CS_2 und OH' bzw. OR' zu erwartende Abhängigkeit der Reaktionsgeschwindigkeit von $[OH']$ bei der Berechnung von $_2k$ bereits berücksichtigt ist, hier also nur ein *zusätzlicher* Einfluß der Laugenkonzentration betrachtet wird. Als Ursache eines Anstieges von $_2k$ mit $[OH']$ könnte man für den Fall der Dithiocarbonat- wie der Xanthogenatbildung in Betracht ziehen: 1. eine generelle Abhängigkeit der RGK $_2k$ von der Ionenstärke, 2. eine Auswirkung des mit der Laugenkonzentration oberhalb 1 m merklich ansteigenden mittleren Aktivitätskoeffizienten von NaOH, da ja $_2k$ auf Basis von Konzentrations- und nicht von Aktivitätsangaben ermittelt wurde, und schließlich 3. eine spezifische Wirkung der Ionen, speziell des OH'-Ions auf den Reaktionsverlauf. Wie aus Bild 1 hervorgeht, ist eine gewisse Zunahme von $_2k$ für die Dithiocarbonatbildung mit der Ionenstärke J auch dann vorhanden, wenn man J durch steigende Zusätze von $NaClO_4$ zunehmend erhöht. Jedoch beträgt diese Zunahme beim Übergang von $J = 1$ auf $J = 5$ nur etwa 25 bis 30% des Ausgangswertes von $_2k$, und die Steilheit des Anstieges von $_2k$ nimmt mit wachsender $NaClO_4$-Konzentration ab, während sie bei Erhöhung der Ionenstärke durch NaOH-Zusätze zunehmend größer wird. Außerdem bleibt der Anstieg von $_2k$ mit $[OH']$ für $[OH'] > 1$ auch bei konstant gehaltener Ionenstärke bestehen (Kurve 4 im Bild 1). Auch die Änderung des mittleren Aktivitätskoeffizienten der NaOH (Abnahme bis etwa $c = 1$ m, dann Anstieg (vgl. [17])) kann allenfalls den Verlauf von $_2k$ im Bereich $[NaOH] < 1$ mol/l, nicht aber den bei höherer Konzentration stattfindenden steilen Anstieg allein verursachen. So nimmt $_2k$ beim Übergang von 1 m zu 5 m NaOH um mehr als 200% des Ausgangswertes, der mittlere Aktivitätskoeffizient dagegen nur um knapp 60% des Ausgangswertes zu. Man muß also neben einer zweifellos vorhandenen Auswirkung der Konzentrationsabhängigkeit des mittleren Aktivitätskoeffizienten der NaOH auf $_2k$ eine zusätzliche spezifische Wirkung einzelner Ionen, speziell des OH'-Ions auf den Reaktionsverlauf annehmen, die sich nicht durch einen für verschiedene Elektrolytzusätze gleichermaßen zutreffenden „generellen Ionenstärkeeffekt" erfassen läßt. Dieser Einfluß der $[OH']$ ist offensichtlich nicht auf die unter direkter Beteiligung von Hydroxylionen ablaufenden Umsetzungen der Dithiocarbonat- und der Xanthogenatbildung beschränkt, sondern tritt in ähnlichem Umfange auch bei der Reaktion von CS_2 mit Sulfid zu Trithiocarbonat auf (Bild 2). Auch hier wirkt sich eine Erhöhung der Ionenstärke durch $NaClO_4$-Zusätze auf $_2k$ wesentlich geringer aus als eine entsprechende Zunahme der NaOH-Konzentration. Die Möglichkeit einer Beeinflussung von $_2k$ durch $[OH']$ über eine Verschiebung des Dissoziationsgleichgewichtes $SH' \rightleftharpoons S'' + H^{\cdot}$ kann dabei u. E. weitgehend außer Betracht bleiben. Nach neueren Arbeiten ([7, 9], s. a. [18]) ist eine Umsetzung des CS_2 mit SH'-Ionen mit anschließender rascher Dissoziation zum zweiwertigen CS_3''-Anion anzunehmen, wobei die Bildung einer im ganzen hier betrachteten Intervall der $[OH']$ außerordentlich geringen Konzentration an S''-Ionen ($_{II}K_{Diss}$ der zweiten Stufe für $H_2S \approx 10^{-20}$ nach [9]) kaum eine Rolle spielen dürfte. Legt man dagegen ältere Werte [17] für $_{II}K_{Diss}$ zugrunde und nimmt — der Meinung früherer Autoren [5, 6] folgend — eine

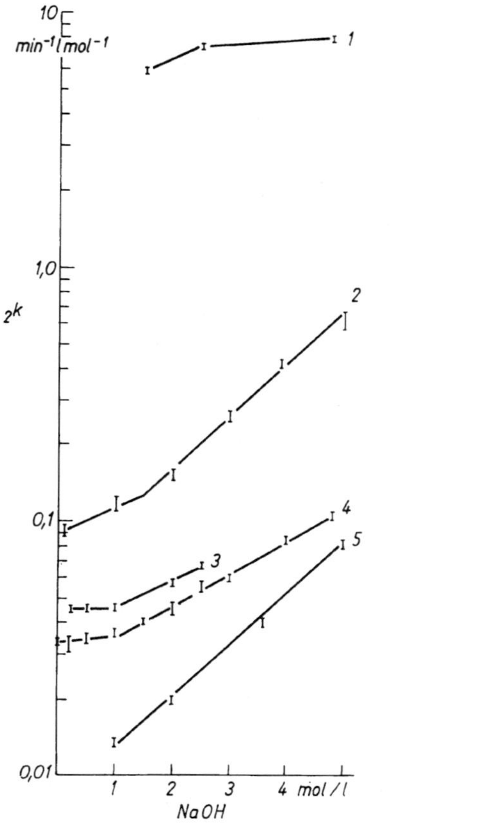

Bild 3. Abhängigkeit der RGK $_2k$ von [OH'], dargestellt als Funktion $\log k = f(c_{\mathrm{NaOH}})$
Kurve 1: $_2k$ der Reaktion $CS_2 + CS_2O'' \rightarrow CS_3'' + COS$ bei 10 °C
Kurve 2: $_2k$ der Reaktion $CS_2 + SH' \rightarrow CS_3''$ bei 10 °C
Kurve 3: $_2k$ der Reaktion $CS_2 + OH' \rightarrow CS_2O''$ bei 20 °C, $J = 5$ durch $NaClO_4$-Zusatz
Kurve 4: $_2k$ der Reaktion $CS_2 + OH' \rightarrow CS_2O''$ bei 20 °C, kein $NaClO_4$-Zusatz
Kurve 5: $_2k$ der Reaktion $CS_2 + OR' \rightarrow ROCS_2'$ bei 0 °C

Umsetzung zwischen S'' und CS_2 an, so lägen schon bei pH 14 in einer Sulfidlösung mehr als 99% des Schwefels in Form von S''-Ionen vor, und eine weitere Erhöhung der [OH'] sollte von dieser Seite her ebenfalls ohne Einfluß sein. In jedem Falle müßte sich eine Beeinflussung von $_2k$ über das Gleichgewicht $SH' \leftrightharpoons S'' + H^{\cdot}$ durch große Unterschiede in der RGK bei Messung in 0,1 m NaOH einerseits, 1 m NaOH andererseits bemerkbar machen, was aber offensichtlich nicht der Fall ist; denn ein starker Anstieg von $_2k$ erfolgt erst im Bereich zwischen 1 und 5 m NaOH. Im Falle der CS_3''-Bildung aus CS_2 und Sulfid wurde übrigens auch bei Steigerung der Sulfidkonzentration unter Konstanthaltung der NaOH-Konzentration (1 m NaOH) ein zusätzlicher Anstieg von $_2k$ beobachtet (Bild 2).

Eine quantitative Erfassung des Anstiegs von $_2k$ mit [OH'] bei den Umsetzungen von CS_2 mit OH', RO' und S'' ist im hier untersuchten Konzentrationsbereich näherungsweise möglich sowohl mit der Funktion $_2k = a + bc^2_{\mathrm{NaOH}}$ (Bild 2, Kurve 2 als Beispiel) als auch durch die Exponentialbeziehung $\log {_2k} = A + B \cdot c_{\mathrm{NaOH}}$, wobei die Größe B trotz großer Unterschiede im Absolutwert von $_2k$ für die einzelnen Reaktionen ziemlich übereinstimmend bei $0{,}16 \pm 0{,}04$ liegt (Bild 3). Allerdings stellen beide Funktionen nur eine quantitative Beschreibung des Effektes auf empirischer Grundlage dar und geben keinerlei Ansatzpunkte für eine physikochemische Deutung, die uns mit dem bisher vorliegenden Versuchsmaterial noch nicht in wirklich verbindlicher Form möglich erscheint. Vielleicht könnte man zur Erklärung des Einflusses von [OH'] bzw. [S''] auf $_2k$ von einer möglichen Änderung der Struktur des Wassers durch diese Ionen und einer dadurch bedingten Änderung der Solvatation [s. 2] eines oder beider Reaktionspartner ausgehen.

Ein von dem bisher Besprochenen abweichendes Verhalten zeigen die RGK-Werte für die Umsetzung von CS_2 mit Dithiocarbonat zu Trithiocarbonat. Hier war der Anstieg von $_2k$ mit [OH'] recht gering (beim Übergang von 1 m zu 5 m NaOH ca. 30%, bezogen auf den Ausgangswert) und vergleichbar mit dem für die anderen Reaktionen beobachteten Ionenstärkeeinfluß bei $NaClO_4$-Zusatz.

4. *Schlußfolgerungen*

Die hier erhaltenen Ergebnisse bestätigen, daß im System CS_2/wäßrige NaOH die Konzentration des Dithiocarbonats in erster Linie durch dessen rasche Weiterreaktion mit CS_2 zu Trithiocarbonat begrenzt ist. Demgegenüber tritt zumindest bei höheren Laugenkonzentrationen ($> \approx 1$ m) der Einfluß der eigentlichen „Zersetzungsreaktion" des Dithiocarbonats zurück, die — wie von *Hovenkamp* [9] angenommen und von uns durch Abfangen des COS mit Amin unter Alkylmonothiocarbaminatbildung experimentell gesichert wurde [19] — zu COS und Sulfid als primären Reaktionsprodukten führt. Obwohl die für diese „Zersetzungsreaktion" gemessene Aktivierungsenergie von ca. 26 kcal/mol wesentlich über der für die Bildungsreaktion ($E_A = 20{,}8$ kcal/mol) liegt, nimmt im homogenen System CS_2/NaOH die maximal erreichbare CS_2O''-Konzentration zumindest bei Laugenkonzentrationen oberhalb 1 mol/l mit steigender Temperatur zu auf Grund der wesentlich niedrigeren Aktivierungsenergie für die Weiterreaktion von CS_2O'' zu CS_3''. Eine Erhöhung von [OH'] führt zu einer Zunahme sowohl des Absolutwerts von $[CS_2O'']$ als auch des Verhältnisses $[CS_2O'']/[CS_3'']$, nicht allein wegen der unmittelbaren Beteiligung von OH'-Ionen an der Bildungsreaktion des CS_2O'' und der Verschiebung des der Zersetzung vorgelagerten Gleichgewichts $CS_2O'' + H^{\cdot} \rightleftharpoons CS_2OH'$ zugunsten des stabileren Ions CS_2O'' (vgl. [3, 10]), sondern vor allem auch wegen einer beträchtlichen zusätzlichen Erhöhung der RGK $_2k$ der Bildungsreaktion, die exponentiell mit der OH'-Ionenkonzentration bei der Bildung des Dithiocarbonats, nicht aber bei seiner Weiterreaktion zu Trithiocarbonat stattfindet.

Setzt man dem homogenen System CS_2/wäßrige NaOH als weitere Komponente Alkohol zu, so konkurrieren Xanthogenatbildung und „Nebenproduktbildung" als voneinander unabhängige Reaktionen [12] um den zur Verfügung stehenden CS_2. Mit steigender Temperatur erfolgt hier auf Grund der niedrigeren Aktivierungsenergie für die Xanthogenierung eine Begünstigung der „Nebenproduktbildung", während eine Erhöhung der NaOH-Konzentration das Verhältnis des CS_2-Verbrauches für Xanthogenatbildung einerseits, Dithiocarbonatbildung andererseits kaum verschiebt, da für beide Reaktionen die RGK $_2k$ durch OH'-Ionen in etwa gleichem Maße eine zusätzlich starke Erhöhung erfährt.

Während die unterschiedlichen Aktivierungsenergien und Aktivierungsentropien der hier betrachteten Umsetzungen des CS_2 mit OH', S'', OR' und CS_2O'' unter dem Gesichtspunkt einer unterschiedlichen Symmetrie dieser Ionen betrachtet und möglicherweise gedeutet werden können, steht eine befriedigende Erklärung für den bei den ersten drei Umsetzungen beobachteten Einfluß der Hydroxylionenkonzentration bzw. der Sulfidionenkonzentration auf die Geschwindigkeitskonstante $_2k$ noch aus. Obwohl diese Abhängigkeit im Falle der Dithiocarbonatbildung aus CS_2 und OH' formal durch einen Ansatz

$$\frac{d[CS_2O'']}{[dt]} = k' [CS_2] [OH'] + k'' [CS_2] [OH']^3$$

wiedergegeben werden könnte, sehen wir zunächst keine Veranlassung, von der Annahme einfacher bimolekularer Umsetzungen als geschwindigkeitsbestimmender Elementarreaktionen abzugehen, sondern vermuten eher einen „indirekten" Einfluß über eine veränderte Solvatation des einen oder beider Reaktionspartner, der vielleicht durch systematische Untersuchungen zum Einfluß des Reaktionsmediums auf diese Reaktionen experimentell erhärtet werden könnte.

Herrn *W. Schulz* danken wir für seine sorgfältige experimentelle Mitarbeit.

Literatur

[1] *Philipp, B.*: Zur Kinetik der Umsetzung von Schwefelkohlenstoff mit Natronlauge. I. Mitt. Faserforsch. u. Textiltechnik **6** (1955) 10, S. 433—442.

[2] *Wroński, M.*: Kinetische Untersuchungen des Reaktionsverlaufs zwischen Schwefelkohlenstoff und Natronlauge. Roczniki Chemii **32** (1958) S. 849—861.

[3] *Hovenkamp, S. G.*: Die Reaktion zwischen Schwefelkohlenstoff und Lauge. I. Reaktionen im homogenen System. Faserforsch. u. Textiltechnik **17** (1966) 3, S. 100—105.

[4] *Philipp, B.*, und *Dautzenberg, H.*: Zur Bildungsgeschwindigkeit von Na-Äthylmonothiocarbonat im Vergleich zu Na-Äthylxanthogenat. Z. physik. Chemie, Leipzig **231** (1966) S. 270—273.

[5] *Samuelson, O.*: Einige Gesichtspunkte der Chemie des Viskoseprozesses. Cellulosa och Papper (1948) S. 295 bis 325.

[6] *Philipp, B.*: Zur Kinetik der Umsetzung von Schwefelkohlenstoff mit Natronlauge. II. Mitt. Faserforsch. u. Textiltechnik **6** (1955) 11, S. 509—520.

[7] *Vermaas, G.*: Die Chemie des Viskoseprozesses. Chem. Weekblad **54** (1958) 3, S. 33—41.

[8] *Philipp, B.*, und *Dautzenberg, H.*: Kinetische Untersuchungen zur Umsetzung von Aminen mit Schwefelkohlenstoff und Carbonylsulfid. Faserforsch. u. Textiltechnik **19** (1968) 1, S. 23—30.

[9] *Hovenkamp, S. G.*: Reaktionen im System Schwefelkohlenstoff—Natronlauge. Dissertation Delft 1965.

[10] *Philipp, B.*, und *Dautzenberg, H.*: Kinetische Untersuchungen zur Bildung und Zersetzung von Monothiocarbonat in wäßriger Lösung. Z. physik. Chemie, Leipzig **229** (1965) S. 210—224.

[11] *Philipp, B.*, und *Dautzenberg, H.*: Untersuchungen zum Mechanismus der Umxanthogenierung bei Cellulosexanthogenat. Faserforsch. u. Textiltechnik **17** (1966) 1, S. 1—7.

[12] *Philipp, B.*, und *Dautzenberg, H.*: Polarographische und potentiometrische Untersuchungen an Schwefelkohlenstoff und einigen seiner Derivate. Monatsber. dt. Akad. Wiss. Berlin **6** (1964) 2, S. 148—158.

[13] *Hovenkamp, S. G.*: Sodium dithiocarbonate as a byproduct in xanthating reactions. A contribution to the chemistry of viscose. J. Polymer Sci. C: Polymer Symposia **2** (1963) S. 341—355.

[14] *Philipp, B.*, *Dautzenberg, H.*, und *Schmiga, W.*: Zur Kinetik der Xanthogenatbildung und -zersetzung bei einigen niedermolekularen Alkoholen und einfachen Zuckern. Teil I. Versuchsmethodik sowie Ergebnisse zur Xanthogenierung. Faserforsch. u. Textiltechnik **20** (1969) 3, S. 111—117.

[15] *Ballinger, P.*, und *Long, F. A.*: Acid ionisation constants of alcohols. II. Acidities of some substituted methanols and related compounds. J. amer. chem. Soc. **82** (1960) S. 795—799.

[16] *Wroński, M.*: Zur Kinetik der Xanthogenatreaktion einfacher Alkohole. Roczniki Chem. [Ann., Soc. chim. Polonorum] **33** (1959) S. 1061—1069.

[17] *Parsons, R.*: Handbook of electrochemical constants. London: Butterworths 1959.

[18] *Dräger, M.*, und *Gattow, G.*: Chalkogenokohlensäuren und ihre Anionen. Z. angew. Chemie **80** (1968) 22, S. 954—965.

[19] *Dautzenberg, H.*, und *Philipp, B.*: demnächst in Z. anorg. allgem. Chemie.

Eingegangen am 15. Januar 1969

Faserforschung und Textiltechnik 20 (1969) Heft 5

Mikroskopische Untersuchungen zur Struktur von Cellulosexanthogenatgelen

Teil II: Gelstrukturen durch zentripetale Diffusion von Elektrolyten[1])

Hans-Joachim Purz und Anneliese Gröbe

Deutsche Akademie der Wissenschaften zu Berlin, Institut für Faserstoff-Forschung in Teltow-Seehof

Herrn Prof. Dr. Hermann Klare zur Vollendung des 60. Lebensjahres gewidmet

DK 661.728.84:541.135:541.182.644:532.72:535.827.2

Die Struktur von ionotropen Cellulosexanthogenatgelen, die durch zentripetale Diffusion von Elektrolyten in das Sol entstehen, wird lichtmikroskopisch untersucht. Das Verhalten verschiedener Elektrolyte bei der Bildung von Gelsphäriten wird geprüft, und der Mechanismus zur Ausbildung von Kapillarstrukturen wird diskutiert.

Микроскопическое изучение структуры гелей ксантогената целлюлозы
Часть II: Структура гелей, возникающая в результате центростремительной диффузии электролитов
Под микроскопом изучена структура ионотропных гелей ксантогената целлюлозы, образующихся в результате центростремительной диффузии электролитов в золь. Проведено исследование поведения различных электролитов при образовании сферитов в геле и обсужден механизм возникновения капиллярных структур.

Microscopic Examination of the Structure of Cellulose Xanthate Gels.
Part II. Structures Arising by Centripetal Diffusion of Electrolytes
The structure of ionotropic cellulose xanthate gels formed by centripetal diffusion of electrolytes into the sol has been examined by optical microscopy. The effect of various electrolytes on the spheres formation is examined and the mechanism leading to capillary structures are discussed.

1. Kapillarstrukturen und ihr Entstehungsmechanismus

In der vorangegangenen Mitteilung [1] berichteten wir über Gelsysteme, die entstehen, wenn der Elektrolyt zentrifugal in das Sol diffundiert, also z. B. ein Tropfen einer Elektrolytlösung auf ein Sol aufgesetzt wird. In der vorliegenden Arbeit wird die Struktur solcher Gele besprochen, die durch zentripetale Diffusion der Ionen in das Sol gebildet werden. Bei dieser Versuchsanordnung wird der Soltropfen in eine Elektrolytlösung eingegeben, und es können Gelsphärite entstehen. Die dabei auftretenden Kapillarstrukturen und die Theorie ihrer Entstehung werden diskutiert.

Es ist bekannt, daß bei der Diffusion von bestimmten Ionen in das Sol eines Polyelektrolyten die anisometrischen Fadenmoleküle senkrecht zum Ionenstrom geordnet werden. Unter diesen Bedingungen können sich in den Polyelektrolytgelen besonders einheitliche, parallel zur Wachstumsrichtung verlaufende und mikroskopisch beobachtbare Dehydratationswege, also Kapillaren, ausbilden.

In bestimmten ionotropen Gelen sind die auftretenden Kapillaren sehr gleichmäßig und rund, verlaufen geradlinig und beinahe parallel zueinander und nehmen im Durchmesser mit wachsender Geldicke von der Membran zur Solseite hin zu. Die Durchmesser sowie die Anzahl der Kapillaren pro Fläche hängen von einer Reihe von Faktoren, wie Art und Konzentration der eindiffundierenden Gegenionen, pH-Wert der Elektrolyt-Lösung, Ionenantagonismus, Solkonzentration und Zusätze zum Sol ab, wie *Hallich* [2] an Cu-Alginat- und *Schik* [3] an Silberacrylatgelen gefunden haben.

Die Bildung von Gelen mit Kapillarstrukturen wird mit einer gerichteten tropfigen Entmischung erklärt. Bei jeder Gelbildung trennt sich, zumindest aus wäßrigen Lösungen, die dispergierte Substanz, also das Kolloid, in noch hochsolvatisierter Form von dem Dispersionsmittel, dem Wassser. Durch diese Phasenbildung bzw. Phasenverschiebung zwischen der dispergierten Phase und dem Dispersionsmittel muß ein jedes Gel strukturiert sein, wenn auch in kleinsten, elektronenoptischen Dimensionen. Eine Phasenbildung durch *tropfige* Entmischung in kolloiden Systemen ist seit langem bekannt. Schon 1900 beobachtete *Hardy* [4] bei der Abkühlung von ternären Wasser/Alkohol/Gelatine-Gemischen mit hohem Gelatinegehalt kleine Flüssigkeitströpfchen, die bei langsamer Abkühlung des Systems bis auf 100 μm im Durchmesser anwachsen können. Auch *W. Ostwald* [5] wies auf die tropfige Entmischung als Möglichkeit zur Strukturbildung bei der Entstehung von Gelen hin. Ganz allgemein wurde die Bedeutung der Entmischung für viele kolloide Systeme, die geladene und ungeladene Makromoleküle umfassen, von *Bungenberg de Jong* [6] erkannt. Zur Unterscheidung von sich entmischenden niedermolekularen Systemen nannte er sie Koazervation. Besonders wichtig ist hier die Eigenschaft, daß sich bei der Koazervation nicht zwei makroskopische Phasen bilden, sondern das Koazervat wird als ein Verbund ineinandergeflossener Solvathüllen von Mizellen erklärt, deren Solvatflüssigkeit durch die Wirkung der Grenzflächenkräfte an der freien Diffusion und damit am Austausch mit der umgebenden Flüssigkeit behindert wird. Bei der Koazervation laufen also kolloide Vorgänge sowohl im mikroskopischen als auch submikroskopischen Bereich ab.

Maier und *Scheuermann* [7] entwickelten eine Vorstellung über den Mechanismus der porösen (schaumartigen) Strukturbildung von Membranen, in der dieser Vorgang ebenfalls als kolloide Entmischung oder Koazervation aufgefaßt wird. Danach soll in einem frühen Stadium der Gelbildung durch einen Verdunstungsvorgang eine Kugeltröpfchenbildung erfolgen, bei der der Feststoffgehalt kugelschalig in der Tröpfchenwandung angeordnet ist. Die Tröpfchen lagern sich zu einem Verband zusammen und verformen sich polyedrisch. Die Autoren nehmen an, daß im weiteren Stadium eine Anreicherung der Festsubstanz in den Berührungsstellen erfolgt; damit verbunden ist eine sogenannte „Ausdünnung“ der Tropfenwandung, und durch den Kontraktionsdruck kommt es zu einem Aufplatzen des Porensystems unter Ausstoßen der zuvor eingeschlossenen Flüssigkeit, wobei sie das Kontraktionsbestreben der Membrangallerte auf die Erscheinung der Synärese zurückführen. Nach Ansicht dieser Autoren sind ganz allgemein fadenmolekulare

[1]) Teil I s. [1].

Stoffe sowohl aus hydrophilen wie auch hydrophoben Systemen synthetischer oder natürlicher Herkunft unter Einhaltung definierter Bedingungen zur Bildung schaumartiger Porensysteme befähigt.

Bei der ionotropen Gelbildung erfolgt eine tropfige Entmischung immer dann, wenn die primär gebildete Membran durch den Kontakt von Gegenionen und Polyelektrolytsol infolge teilweiser Dehydratation das Bestreben hat, zu schrumpfen. Durch die spezifische Kontraktion der Membran steigt ihr Feststoffgehalt an, und das abgegebene Dehydratationswasser erscheint in feinsten Tröpfchen zwischen den fixierten Makromolekülen im Gel; es wird dabei mikroheterogen. Diese Phasenbildung unter Trennung in Gel und Dehydratationswasser wird durch den Grad der Lyophilie der einzelnen Polysalze bzw. Gele bestimmt. Die tropfige Entmischung wird also, wenn das Bestreben der Gelmembran zur Entquellung gering ist, nur in kleiner Anzahl oder gar nicht erfolgen und umgekehrt. Die in diesem Stadium aus dem Gelgefüge ausgeschiedenen Wassertröpfchen erscheinen zunächst nur in elektronenoptisch erkennbaren Dimensionen [8]. Wie aus den Untersuchungen dieser Autoren hervorgeht, haben die gleichmäßig über die Membran verteilten kleinen Tröpfchen nur Zeit, sich teilweise und örtlich begrenzt zu etwas größeren Tropfen zu vereinigen, die bereits am Ende der etwa 3 μm starken Zone im Lichtmikroskop zu erkennen sind (Bild 1).

Vor der Diffusionsfront der gelbildenden Gegenionen und dem wachsenden Gel werden die Wassertröpfchen hergeschoben und prägen dieser Gelzone parallel zur Diffusionsrichtung die Struktur von kapillaren Röhren auf. In der Gel/Sol-Grenze vereinigen sich die ausgestoßenen Wassertröpfchen nicht mit dem Sol. Sie nehmen einen Teil des bei weiterem Fortschreiten der Gelbildung freiwerdenden Dehydratationswassers auf und führen es an die Kapillare ab, worin auch die Ursache für die Zunahme des Kapillardurchmessers mit wachsender Geldicke zu sehen ist. *Thiele* und *Hallich* [2, 9], die eine Vergrößerung des Kapillarendurchmessers mit fortschreitendem Gelwachstum in allen Gelen beobachtet haben, erklären diese Erscheinung folgendermaßen: Bei der ionotropen Gelbildung bleibt, ähnlich der ungeordneten Gelbildung, neben dem Gel eine wäßrige Lösung übrig. Das Kapillarvolumen reicht also nicht zur Aufnahme allen freiwerdenden Wassers aus.

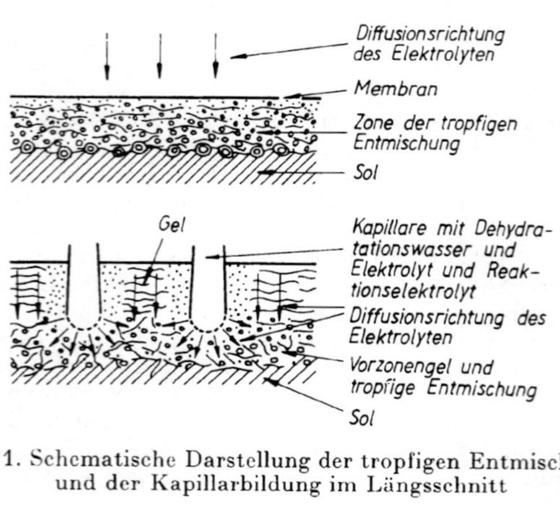

Bild 1. Schematische Darstellung der tropfigen Entmischung und der Kapillarbildung im Längsschnitt

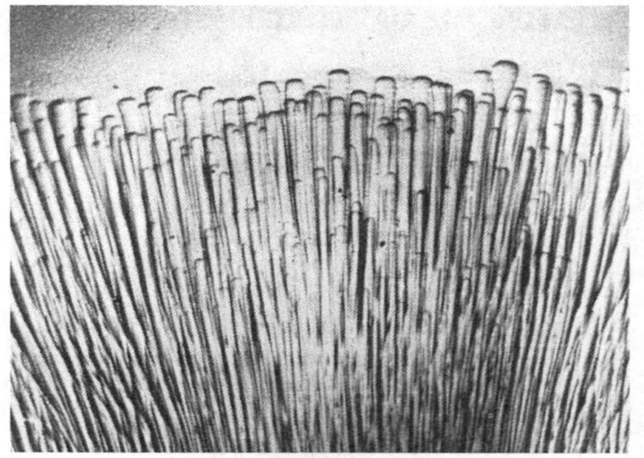

Bild 2. Ende der Kapillarzone im Zn-Cellulosexanthogenatgel, entstanden durch zentrifugale Ionendiffusion (Kapillarflächengel)
Sol: Na-Cellulosexanthogenat 1%ig an Cellulose
Elektrolyt: 1 n $Zn(NO_3)_2$, 18 : 1

Der Rest wird sich deshalb mit dem angrenzenden Sol mischen. Dieses verdünntere Sol wird stärker dehydratisiert, d. h., es wird mehr Wasser frei. Während der Gelbildung verschiebt sich das Verhältnis Gelzustand zu Wasser zugunsten des Wassers, wodurch die Vergrößerung der Kapillarendurchmesser erfolgen kann. Die Zunahme des Kapillarendurchmessers mit dem Gelwachstum geht auch aus Bild 2 hervor und ist ebenfalls in der schematischen Darstellung zur Kapillarenbildung in Bild 1 angedeutet.

Wie bereits aus dem Mechanismus der Kapillarenbildung hervorgeht, sind die Kapillaren mit dem Dehydratationswasser angefüllt, ferner enthalten sie im Falle der Zn-Cellulosexanthogenatbildung aus Na-Cellulosexanthogenat und $Zn(NO_3)_2$ den Reaktionselektrolyten $NaNO_3$ und den gelbildenden und nachdiffundierenden Elektrolyten $Zn(NO_3)_2$.

Es sei hier noch einmal erwähnt, daß nur im Stadium der tropfigen Entmischung die ionotrope Gelbildung mit der Koazervation vergleichbar ist, obgleich jedoch zu berücksichtigen ist, daß die sogenannte Gleichgewichtsflüssigkeit bei der Koazervation meistens nicht kolloidfrei ist.

Wie Bild 3 zeigt, können die Makromoleküle bei der Kapillarenbildung zusätzlich in der Ebene der senkrechten Fixierung zum Ionenstrom tangential um die Kapillaren herum durch die Zn-Ionen an der Kapillarenfront geordnet werden. Die zusätzliche Ordnung der Makromoleküle in den Kapillarwandungen kann man sich folgendermaßen vorstellen: Bei der Sol/Gel-Umwandlung durchläuft das Gel einen Zwischenzustand, die Gelvorzone. In ihr sind die ionogenen Gruppen des Polyelektrolyten nur teilweise mit den ordnenden und vernetzenden Gegenionen besetzt. Im Beispiel des Zn-Cellulosexanthogenates sind also die Na-Ionen des Na-Cellulosexanthogenatsols nur zum Teil gegen Zn-Ionen ausgetauscht. Die hier zur Kapillarenbildung führende tropfige Entmischung erfolgt nun nicht aus dem fertigen, geordneten und verfestigten Gel, sondern aus dem Vorzonengel. Im Vorzonengel sind die Fadenmoleküle bereits fixiert, jedoch noch nicht orientiert.

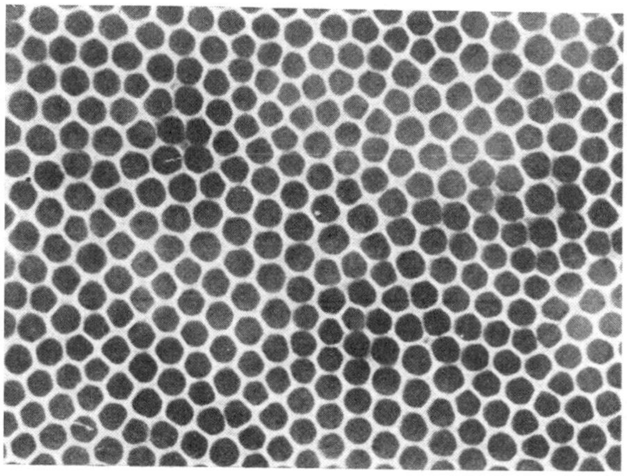

Bild 3. Querschnitt durch ein Kapillargel (Zn-Cellulosexanthogenat) im polarisierten Licht bei gekreuzten Polars
Sol: Na-Cellulosexanthogenatlösung 1%ig an Cellulose
Elektrolyt: 1 n $Zn(NO_3)_2$
Kapillardurchmesser: 16 bis 19 µm

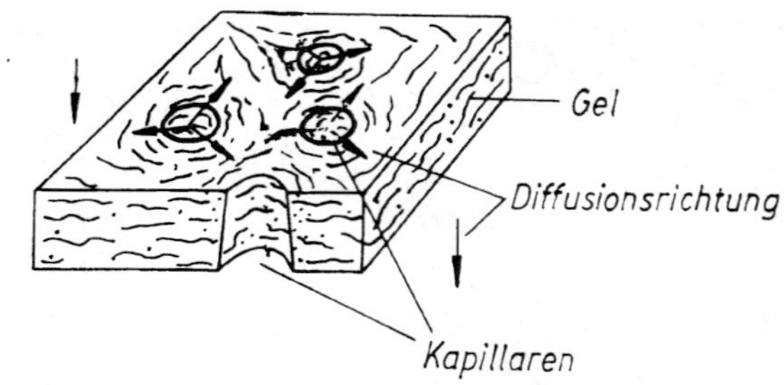

Bild 4. Schema der Teilchenorientierung im Gel senkrecht zum Ionenstrom und tangential um die Kapillaren, nach *H. Thiele* und *K. Hallich*, Kolloid-Z. **151** (1957) 1, S. 5

Durch die in der Kapillarenflüssigkeit schneller als über das ganze Gel nachdiffundierenden Zn-Ionen werden die fixierten Makromoleküle tangential um die Kapillaren geordnet, weil nun die bis an die Gelvorzone reichenden Kapillaren ihrerseits jeweils radiale Diffusionszentren darstellen. Unabhängig davon erfolgt gleichzeitig die senkrechte Anordnung der Fadenmoleküle durch die Gegenionen aus der eigentlichen Diffusionsfront. Eine schematische Darstellung der besprochenen Vorstellungen enthalten die Bilder 1 und 4.

2. Gelstrukturen durch zentripetale Diffusion

Um sich einen Überblick hinsichtlich Geleigenschaften und Strukturbildung, insbesondere Orientierung der Makromoleküle und Kapillarbildung in den einzelnen Gelen zu verschaffen, ist es zweckmäßig, folgende einfache Versuchsanordnung zu benutzen. Das Sol wird aus einer Pipette in die Elektrolytlösung eingetropft, die sich in optisch isotropen Küvetten (Durchmesser: 35 mm, Höhe: 10 mm) befindet. Mit dieser Versuchsanordnung ist es möglich, die Gelbildung mikroskopisch zu beobachten. Beim Einfallen des Soltropfens in die Elektrolytlösung umgibt sich dieser augenblicklich mit einer Primärmembran, die z. B. aus Zn-Cellulosexanthogenat besteht, wenn als Elektrolyt $ZnSO_4$ oder $Zn(NO_3)_2$ verwendet wurde.

Es diffundieren nun allseitig zentripetal weitere Gegenionen durch die Membran in den Soltropfen ein und bilden eine Gelkugel. Bei dieser Versuchsmethodik sind für die gelbildenden eindiffundierenden Gegenionen, die durch die Membranbildung vom Sol getrennt werden, gleiche Voraussetzungen gegeben. Es kann hier nicht, wie z. B. bei der zentrifugalen Diffusion, zu einem Überlaufen des Elektrolyttropfens und damit zur Ausbildung verschiedener Geltypen durch unterschiedliche Benetzungseigenschaften kommen, wodurch die Verhältnisse für die Gelbildung unübersichtlicher werden. Betrachtet man nun die im Wasser aufbewahrten, z. B. 3 bis 4 mm großen Gelkugeln im Mikroskop — mit polarisiertem Licht bei gekreuzten Polars — so erhält man Aufschluß über die Orientierung der anisometrischen Teilchen und die Kapillarenstruktur des Geles. Auch die Entstehung der Kapillaren in der Gelkugel während der Gelbildung läßt sich im Mikroskop verfolgen.

Die Eigenschaften der in verschiedenen Elektrolytlösungen gebildeten Gelkugeln sind in Tabelle 1 beschrieben. Als Sol wurde eine an Cellulose 1%ige reine Na-Cellulosexanthogenatlösung verwendet. Aus der Tabelle 1 und auch aus den Bildern 5 und 6 geht hervor, daß die Kapillaren in den Zn- und Tl-Cellulosexanthogenatgelen am gleichmäßigsten ausgebildet werden und einen geradlinigen Verlauf aufweisen. Deshalb sind die für den technischen Viskose-Spinnprozeß wichtigen Zinkionen und auch die Thalliumionen am besten für eine nähere Untersuchung der Kapillarenbildung mit dem Cellulosexanthogenatgel geeignet. Dies konnte durch weitere Versuche in frontaler Diffusionsanordnung bestätigt werden [10].

Wie aus den Bildern 5 und 6 weiterhin zu entnehmen ist, zeigen die mit Zn- und auch die mit einigen anderen Ionen hergestellten Gelkugeln (Tabelle 1) im polarisierten Licht zwischen gekreuzten Polars das Achsen-

Tabelle 1. Gelkugeln durch Eintropfen von Na-Cellulosexanthogenatsol (1%ig an Cellulose) in Elektrolytlösungen

Elektrolyt	Eigenschaften der Gelkugel
1. 0,35 n $TlNO_3$	doppelbrechend (konzentr. Ringe), Kapillaren, radial verlaufend
2. 1 n $Ni(NO_3)_2$	doppelbrechend, Kapillarwirrwarr, kein radialer Verlauf
3. 1 n $Cd(NO_3)_2$ 1 n $Pb(NO_3)_2$ 1 n $Cu(NO_3)_2$	äußere Randzone doppelbrechend, (inneres) Zentrum isotrop, grießige Struktur, keine Kapillaren (mikroskopisch)
4. 1 n $Zn(NO_3)_2$	doppelbrechend, weißlich, opaleszierend, Kapillaren radial verlaufend
5. 1 n $Co(NO_3)_2$	doppelbrechend, kapillarähnliche Gebilde, traubenförmig beginnend, in wenigen Gruppen
6. 1 n $Fe(NO_3)_3$	äußere homogene Zone doppelbrechend, innere strukturierte Zone schwach doppelbrechend, größere Kapillarenschläuche, nicht gleichmäßig und geradlinig radial verlaufend. pH = 1,5 ist zu beachten!
7. 1 n $AgNO_3$	Sphäritenkreuz schwach ausgebildet, Gel verfärbt sich schnell von gelb nach dunkelbraun
8. 1 n HNO_3	Außenmembran doppelbrechend, sonst isotrop, wenige große Radialschläuche, kegelförmig

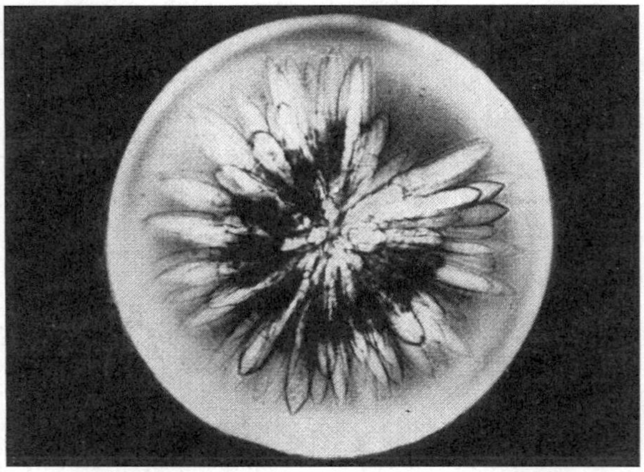

Bild 7. Gelkugel mit großen Radialkapillaren durch Eintropfen von Na-Cellulosexanthogenatsol (1%ig an Cellulose) in 1 n HNO_3, 20 : 1

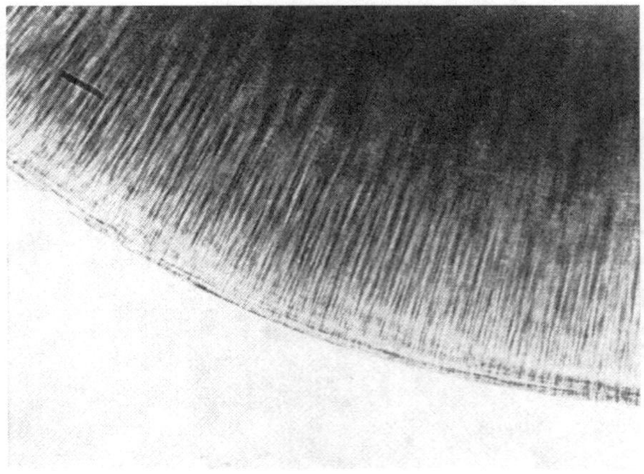

Bild 8. Randzone einer Gelkugel mit Radialkapillaren durch Eintropfen von Na-Cellulosexanthogenatsol (1%ig an Cellulose) in ein technisches Spinnbad (1,1 n H_2SO_4, 2,2 n Na_2SO_4 und 0,7 n $ZnSO_4$), 120 : 1

kreuz doppelbrechender, optisch einachsiger Kristalle. Mit einem Plättchen Gips Rot I erhält man die farbigen Sektoren (gelb — blau), aus deren Anordnung man das Vorzeichen der Doppelbrechung bestimmen kann. Die Makromoleküle des Cellulosexanthogenates sind, wie aus dem optischen Charakter der Gele hervorgeht, tangential in den Gelkugeln orientiert, während die Kapillaren radial verlaufen.

Tabelle 2. Gelkugeln durch Eintropfen von Na-Cellulosexanthogenatsol (1%ig an Cellulose) in Elektrolytlösungen, die als Komponenten oder Gemische in technischen Viskosespinnbädern benutzt werden

Elektrolyt	Eigenschaften der Gelkugel
1 n $ZnSO_4$	doppelbrechend, Kapillaren radial verlaufend, Kapillardurchmesser größer als mit 1 n $Zn(NO_3)_2$, Gel weißlich, transparenter als mit 1 n $Zn(NO_3)_2$, elastisch
1 n H_2SO_4	äußere Membran zeigt bei gekreuzten Polars Aufhellung, sonst isotrop, trübes Gel, grießartige poröse Struktur, wenige große, radial verlaufende Radialschläuche (keulenartig), wachsen im Durchmesser zum Zentrum stark an
1 n Na_2SO_4	isotrope trübe Flockung, keine Bildung von Gelkugeln, im Mikroskop als grießartige, poröse Struktur zu erkennen
1 n H_2SO_4 1 n Na_2SO_4	Außenmembran leuchtet zwischen gekreuzten Polars auf, sonst isotrop, trüb, weißlich, undurchsichtig, Auftreten weniger großer Dehydratationskanäle (keulenartig), ähnlich wie 1 n H_2SO_4
1 n H_2SO_4 1 n $ZnSO_4$	Rand doppelbrechend, sonst isotrop, trüb, feine Radialkapillaren in den äußeren Bereichen, die zum Kugelinneren stark anwachsen, weiß, undurchsichtig, Rand durchscheinend
1,1 n H_2SO_4 2,2 n Na_2SO_4 0,7 n $ZnSO_4$	schmale Randzone doppelbrechend, Bild 8 feine radiale Kapillarstruktur, weiß, undurchsichtig
2 n $(NH_4)_2SO_4$	wie Na_2SO_4

Die Bilder 5a und b zeigen die Gesamtansicht von Gelsphäriten aus Tl-Cellulosexanthogenat, Bild 5c dagegen einen Ausschnitt, mit feiner Kapillarstruktur. Der radiale Verlauf der Kapillaren in der Gelkugel ist in diesem Bild deutlich zu erkennen. In den Bildern 6a bis c sind Gelsphärite aus Zinksalzlösungen zu sehen. Ein Vergleich der Bilder 6a und b läßt erkennen, daß in den Zinksalzlösungen Gelsphärite verschiedener Größe und unterschiedlicher Struktur entstehen, wie aus den Farbabstufungen im polarisierten Licht bei gekreuzten Polars mit Gips Rot I geschlossen werden kann.

Benutzt man 1 n HNO_3 als Elektrolyt, so werden in den Gelkugeln große Radialkapillaren gebildet, deren Durchmesser besonders zu Beginn des Kapillarenwachstums stark ansteigt (Bild 7). Eine Kapillarenbildung erfolgt auch, wie der Tabelle 2 zu entnehmen ist, wenn ein Na-Cellulosexanthogenatsol (1%ig an Cellulose) in technische Viskosespinnbäder getropft wird. Das Bild 8 zeigt die Kapillaren in der Randzone einer Gelkugel, die in einem Supercordspinnbad, 1,1 n H_2SO_4, 2,2 n Na_2SO_4 und 0,7 n $ZnSO_4$, entstanden ist. In dieser Gelkugel sind feine, radiale Kapillaren von regelmäßiger Anordnung gebildet worden. Die Randbereiche weisen optische Anisotropie auf. Den Einfluß der Zusammensetzung des Spinnbades auf die Gelstruktur demonstriert das Bild 9. Die Erhöhung der Säurekonzentration bewirkt, daß neben der sehr feinen radialen Kapillarstruktur in den äußersten Bereichen der Gelkugeln eine grießige Feinstruktur mit überlagerten Schrumpfungsstrukturen sichtbar wird (Bild 9b). Ähnliche periodische Schrumpfungsstrukturen an der Peripherie der Gelkugeln wurden bereits an Gelsphäriten beobachtet, die in Zinksalzlösungen entstanden sind (Bild 6). Wird als Sol eine auf 2% Cellulose verdünnte technische Viskose eingesetzt, so ergeben sich beim Eintropfen dieses Sols in technische Viskosespinnbäder wiederum Gelkugeln mit Kapillarstruktur. Bei dieser zentripetalen Diffusion treten manchmal Anomalien in der Weise auf, daß die Primärmembran platzt und aus der Gelkugel Sol ausfließt. Bild 10 zeigt die in dem ausgeflossenen „Solstrahl" gebildeten Gelstrukturen. An diesen Gelstruk-

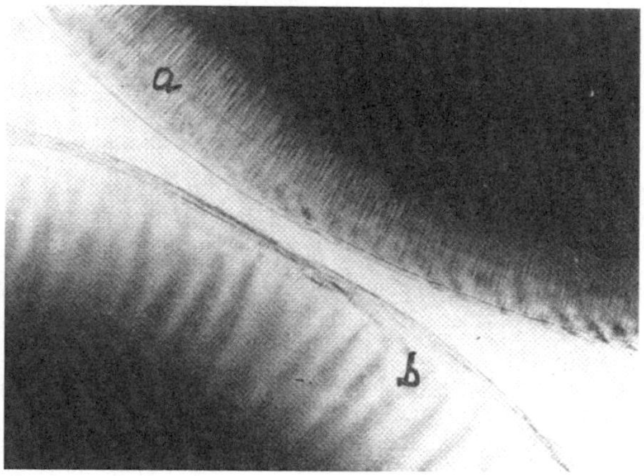

Bild 9. Randzonen von Gelkugeln mit unterschiedlicher Radialkapillarenstruktur. Entstanden durch Eintropfen von Na-Cellulosexanthogenatsol (1%ig an Cellulose) in Spinnbäder
a) 1,4 n H_2SO_4, 2,0 n Na_2SO_4, 1,1 n $ZnSO_4$
b) 2,2 n H_2SO_4, 1,9 n Na_2SO_4, 0,95 n $ZnSO_4$, 65 : 1

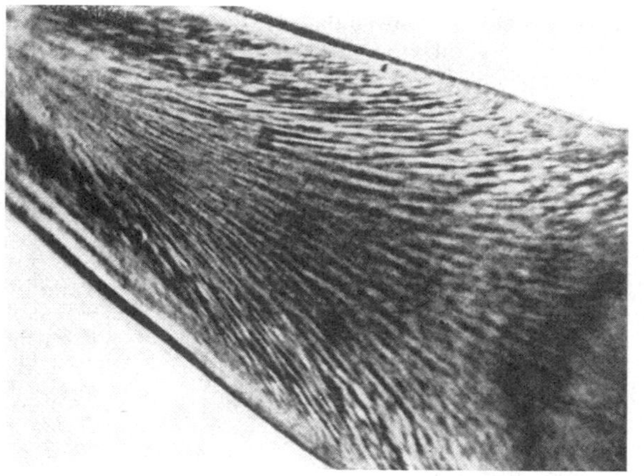

Bild 10. Gelkugel mit ausgeflossenem Sol, entstanden durch Eintropfen einer verdünnten Viskose (2%ig an Cellulose) in ein Spinnbad
(1,1 n H_2SO_4, 2,2 n Na_2SO_4, 0,7 n $ZnSO_4$), 180 : 1

turen kann man beobachten, daß die entstehenden Kapillaren in Fließrichtung des Soles gewachsen sind. Man kann dieses System als ein stark vereinfachtes Modell für die Vorgänge beim Austritt einer Polymerlösung aus der Düse betrachten, und es zeigt die Anordnung von Strukturen in Richtung Fadenachse in Form eines Strömungsprofiles.

Zusätze zum reinen Na-Cellulosexanthogenatsol, wie Polyäthylenimin oder Formaldehyd können den optischen Charakter der Gelkugeln verändern und weisen damit auf eine veränderte Struktur in den Gelkugeln hin. So werden beim Eintropfen eines an Cellulose 1%igen Na-Cellulosexanthogenatsoles, das z. B. einen Zusatz von 1% Polyäthylenimin enthält, in 1 n H_2SO_4 Gelkugeln gebildet, die transparent und doppelbrechend sind. Im Gegensatz dazu sind Gelkugeln, die ohne Zusätze zum Sol in 1 n H_2SO_4 entstehen, isotrop und trübe (Tabelle 2).

3. *Zusammenfassende Diskussion*

Die Methode der zentripetalen Diffusion schafft für alle Systeme die gleichen Voraussetzungen für den Beginn der Gelbildung, indem eine Phasengrenze ausgebildet wird, die das Sol von dem Elektrolyt trennt und alle weiteren Diffusionen durch diese Phasengrenze erfolgen, wobei die Struktur der Phasengrenze und die Struktur des sich ausbildenden Geles die Diffusion mitbestimmen.

Die Tabellen 1 und 2 weisen aus, daß nur wenige Gegenionen (Zn^{2+} und Tl^{+}) Gelsphärite entstehen lassen, die optisch anisotrop sind und außerdem eine sehr regelmäßige Kapillarstruktur ausbilden. Einige andere Gegenionen (Ni^{2+} und Co^{2+}) ergeben zwar anisotrope Gelsphärite, jedoch wird keine regelmäßige Kapillarstruktur ausgebildet. Von besonderer Bedeutung für die entstehenden Strukturen in solchen Gelkugeln ist, wenn in dem System neben einem Polyanion ein Polykation vorhanden ist und sich durch pH-Änderung Symplexe ausbilden können [11].

Von den Komponenten eines technischen Viskosespinnbades bildet allein das $ZnSO_4$ Gelsphärite, mit H_2SO_4 werden nur isotrope, trübe Gelkugeln erhalten, während Na_2SO_4 unter den angewandten Bedingungen keine Gelkugeln bilden kann, sondern nur eine flockige Trübung hervorruft. Dagegen ergeben alle drei Komponenten im Gemisch in den Konzentrationsverhältnissen eines technischen Viskosespinnbades Gelkugeln mit Kapillarstrukturen und schwacher Doppelbrechung in der Randzone der Gelkugeln. Diese technischen Spinnbäder bilden selbst mit verdünnten Viskoselösungen Gelkugeln, die Kapillarstrukturen aufweisen. Eine der wichtigsten Beobachtungen bei diesen Untersuchungen ist, daß in einem fließenden Sol die Kapillaren in Fließrichtung des Soles wachsen. Hiermit wird im lichtmikroskopischen Bereich nachgewiesen, daß eine Anordnung von Strukturelementen in axialer Richtung erfolgen kann. Ein Nachweis für die Anordnung von Strukturelementen durch die Diffusion ist die in bestimmten Gelsystemen auftretende Doppelbrechung. Ganz allgemein muß festgestellt werden, daß die Ausbildung von Strukturen im Inneren und an den Oberflächen der Gele durch das Koagulationsvermögen der einzelnen Elektrolyte auf das Sol erfolgt. Diese Feststellungen sollten auch für die Fadenbildungsvorgänge beim Naßspinnen gelten. So muß man deshalb diese Vorgänge bei der Ausbildung von Oberflächenstrukturen an entstehenden Fäden berücksichtigen und kann die Strukturausbildung an der Fadenoberfläche nicht ausschließlich darauf zurückführen, daß z. B. die Unebenheiten eines Düsenkanals der Polymerlösung eine Struktur aufprägen [12]. Den Zusammenhang zwischen Koagulation und Struktur von Viskosegelkugeln untersuchten auch *Gupta* et al. [13]. Sie benutzten Viskosetropfen, um die Dichteänderung (Verdichtungsgeschwindigkeit) der Viskosegelkugeln in Abhängigkeit von verschiedenen Parametern des Solzustandes und des Elektrolyten zu messen.

Gelkugeln auf Basis Cellulose werden auch in der Gelchromatografie verwendet [14]. Die Gelsphärite und Gelkugeln sind deshalb im Zusammenhang mit morphologischen Untersuchungen geeignete Objekte, um Aussagen über den Mechanismus der Gelchromatografie machen zu können. Aus den Ergebnissen der Tabellen 1 und 2 ist zu erkennen, welche Mannigfaltigkeit es gibt, Objekte mit unterschiedlich strukturellem Aufbau für die Gelchromatografie herzustellen [15].

Literatur

[1] *Purz, H. J.*, und *Gröbe, A.*: Mikroskopische Untersuchungen zur Struktur von Cellulosexanthogenatgelen. Teil I. Geordnete Gelbildung durch zentrifugale Diffusion von Elektrolyten. Faserforsch. u. Textiltechnik **19** (1968) 10, S. 460–467.

[2] *Hallich, K.*: Über ionotrope Gele mit Kapillarstrukturen und ihre Verwendung als Filter. Dissertation Kiel 1958.

[3] *Schik, J. P.*: Ionotrope Porenmembranen mit Polyacrylat. Dissertation Kiel 1962.

[4] *Hardy, W. B.*: Über den Mechanismus der Erstarrung in umkehrbaren Kolloidsystemen. Z. physik. Chemie **33** (1900) S. 326–343.
— Freie und gebundene Flüssigkeit in Gelen. Kolloid-Z. **46** (1928) S. 268–277.

[5] *Ostwald, Wo.*: Überblick über das Gebiet der Gallerten und Gele. Kolloid-Z. **46** (1928) S. 248–267.

[6] *Bungenberg de Jong, H. G.*: Die Koazervation und ihre Bedeutung für die Biologie. Protoplasma **15** (1932) S. 110–173.

[7] *Maier, K. H.*, und *Scheuermann, E. A.*: Über die Bildungsweise teildurchlässiger Membranen. Kolloid-Z. **171** (1960) 2, S. 122–135.

8] *Thiele, H.*, *Plohnke, K.*, *Brandt, E.*, und *Moll, G.*: Ordnen von Polyelektrolyten durch Ionendiffusion. Kolloid-Z./Z. Polymere **182** (1962) 1/2, S. 24–35.
Thiele, H.: Ionotrope Gele — Modelle für das biologische Wachstum. Umschau Wiss. Technik **63** (1963) 4, S. 117–121.
Schyma, D., *Gärtner, H.*, und *Moll, G.*: Elektronenmikroskopische Darstellung der Feinstruktur eines neuartigen Ultrafilters aus Al-Alginat. Zbl. Bakteriologie **181** (1961) 1, S. 22–28.

[9] *Thiele, H.*, und *Hallich, K.*: Kapillarstrukturen in ionotropen Gelen. Kolloid-Z. **151** (1957) 1, S. 1–12.

[10] *Purz, H. J.*, und *Gröbe, A.*: Veröffentlichung in Vorbereitung.

[11] *Thiele, H.*, und *Langmaack, L.*: Symplexbildung und Komplexkoazervation als Ionenreaktion bei Polyelektrolyten. Z. physik. Chemie **206** (1957) S. 394–413.
Thiele, H., und *Langmaack, L.*: Strukturbildung durch Ionendiffusion, Symplexionotropie. Z. Naturforsch. **12b** (1957) 1, S. 14–23.

[12] *Newman, P. H.*, und *Sikorski, J.*: High resolution scanning electron microscope studies of the surface topography of viscose rayon fibres. Fourth European Regional Conference on Electron Microscopy. Rom 1968.

[13] *Gupta, M. K.*, *Marker, L.*, *Wellisch, E.*, und *Sweeting, O. J.*: Rate of densification of gel during coagulation of viscose. J. Polymer Sci., A: General Papers **3** (1965) 2, S. 711–722.
Wellisch, E., und *Rivlin, J. B.*: Rate studies of viscose coagulation and regeneration. Holzforsch. **22** (1968) 5, S. 157–163.

[14] *Determann, H.*, *Rehner, H.*, *Wieland, Th.*, *Meyer, N.*, und *Wente, Frank*: Ein perlförmiges Cellulosegel für die Chromatographie. Makromol. Chemie **114** (1968) S. 263–274.

[15] *Gröbe, A.*, und *Purz, H.-J.*: in Vorbereitung.

Eingegangen am 10. Januar 1969.

Faserforschung und Textiltechnik 20 (1969) Heft 5

Zur gravimetrisch-kinetischen Analyse der Polyäthylenterephthalatbildung im offenen System[1)]

Gerhard Reinisch, Heinz Zimmermann und Gerald Rafler[2)]

Deutsche Akademie der Wissenschaften zu Berlin, Institut für Faserstoff-Forschung in Teltow-Seehof

Herrn Prof. Dr. Hermann Klare zur Vollendung des 60. Lebensjahres gewidmet

DK 678.674'524'420:541.124:543.21:546.711—44

Eine Methodik zur kinetischen Analyse der Polykondensation von Bis-(β-hydroxyäthyl)-terephthalat im offenen System für $p \leqq 0{,}97$ wird beschrieben und kritisch beurteilt. Die mangankatalysierte Reaktion verläuft in diesem System bis $\overline{P}_n \leqq 30$ nach zweiter Ordnung. $\overline{k}_{II}(\tau)$ für 250, 265 und 280 °C und $5 \cdot 10^{-4}$ mol Mn $(CH_3COO)_2$/mol Monomeres sowie E_A werden angegeben.

О гравиметрическом анализе кинетики образования полиэтилентерефталата в открытой системе

Описана и критически оценена методика кинетического анализа процесса поликонденсации бис-(-окси-этил)-терефталата в открытой системе для $p \leqq 0{,}97$. В этой системе катализированная марганцом реакция до $\overline{P}_n \leqq 30$ является реакцией второго порядка. Приведены величины константы $\overline{k}_{II}(\tau)$ для температур 250, 265 и 280 °C и концентрации катализатора, равной $5 \cdot 10^{-4}$ молей Mn $(CH_3COO)_2$/моль мономера и вычислена энергия активации.

Gravimetric Analysis of the Kinetics of Formation of Polyethylene Terephthalate in an Open System

A method for following the kinetics of polycondensation of bis-(β-hydroxyethyl)-terephthalate in an open system at $p \leqq 0.97$ is presented and evaluated. The reaction initiated by manganese is of second order up to $\overline{P}_n \leqq 30$. E_A and $\overline{k}_{II}(\tau)$ at 250, 265 and 280°C were determined using $5 \cdot 10^{-4}$ mole Mn $(CH_3COO)_2$ per mole of the monomer as initiator.

1. Problemstellung

Aus den Ergebnissen der bisher publizierten Untersuchungen zur Schmelzepolykondensation von Bis-(β-hydroxyäthyl)-terephthalat ist nicht eindeutig zu ersehen, welcher Reaktionsordnung die Polymerenbildung folgt (Tabelle 1). Aus diesem Grunde, und weil wir an unseren eigenen, früher vorgetragenen Ergebnissen [6] methodische Unzulänglichkeiten bemerkt hatten, haben wir uns erneut mit der Kinetik dieser Polyumesterung befaßt. In einer ersten Mitteilung sollen die Arbeitsmethodik für die Untersuchung der Anfangsphase der Polykondensation im offenen System beschrieben und numerische Ergebnisse für die mangankatalysierte Reaktion vorgelegt werden.

1) Auszugsweise vorgetragen auf der Chemiedozententagung in Dresden, Juni 1967.
2) Vgl. auch Dissertation *G. Rafler*, Friedrich-Schiller-Universität Jena 1968.

2. Experimentelle Methodik

Die Kinetik der Anfangsphase der Polyäthylenterephthalat-Bildung kann am besten durch quantitative Bestimmung des Reaktionsglykols erfaßt werden.

Wir benutzten dazu eine Apparatur (Bild 1), deren Prinzip von *Skwarski* [5] angegeben wurde. Sie wurde von *Lohmann* [7] in unserem Laboratorium in allen hier beschriebenen Einzelheiten gestaltet.

Die Solltemperatur im Salzbad konnte auf $\pm 0{,}3$ grd konstant gehalten werden. Ihr Absolutwert wurde mit einem Pt-Widerstandsthermometer überprüft. Die Schmelze im gläsernen Reaktionsgefäß wurde mittels eines Glas-Schneckenrührers (100 ± 2 U/min) zu einer 3 bis 4 mm dicken Schicht ausgebreitet. Der Destillationsaufsatz war auf 150°C beheizt. Die wechselweise abnehmbaren, mit gereinigter, entgaster, körniger Aktivkohle gefüllten Vorlagen wurden auf —78°C gehalten. Das Vakuum betrug 0,2 bis 0,4 Torr.

Tabelle 1. Literaturangaben zur Reaktionsordnung der Polyäthylenterephthalatbildung in schmelzflüssiger Phase und offenem System

Reaktionsweise	Analysenmethodik	Rk.-ordnung	Autor
Vakuum (2 Torr) Schichtdicke nicht angegeben	Viskosimetrie $[\eta] = 1{,}17 \cdot 10^{-2}\ \overline{P}_n^{0{,}86} [ml \cdot g^{-1}]$ (Phenol (1)/Tetrachloräthan (1), 20 °C)	I	[1]
Normaldruck Schichtdicke nicht angegeben	Endgruppenbestimmung dest.-volum. Glykolbestimmung	II	[2]
Normaldruck Schichtdicke (0,3···1,4 mm)	Viskosimetrie $[\eta] = 1{,}17 \cdot 10^{-2}\ \overline{P}_n^{0{,}86} [ml \cdot g^{-1}]$ mit Umrechnungsfaktor für Kresol	II	[3]
Vakuum (1···1,5 Torr) Schichtdicke (0,5···11,5 mm)	Viskosimetrie dest.-volum. Glykolbestimmung	II	[4]
Normaldruck Schichtdicke nicht angegeben	dest.-grav. Glykolbestimmung	III	[5]
Vakuum (1 Torr) Schichtdicke ca. 3···4 mm	dest.-grav. Glykolbestimmung	III	[6]

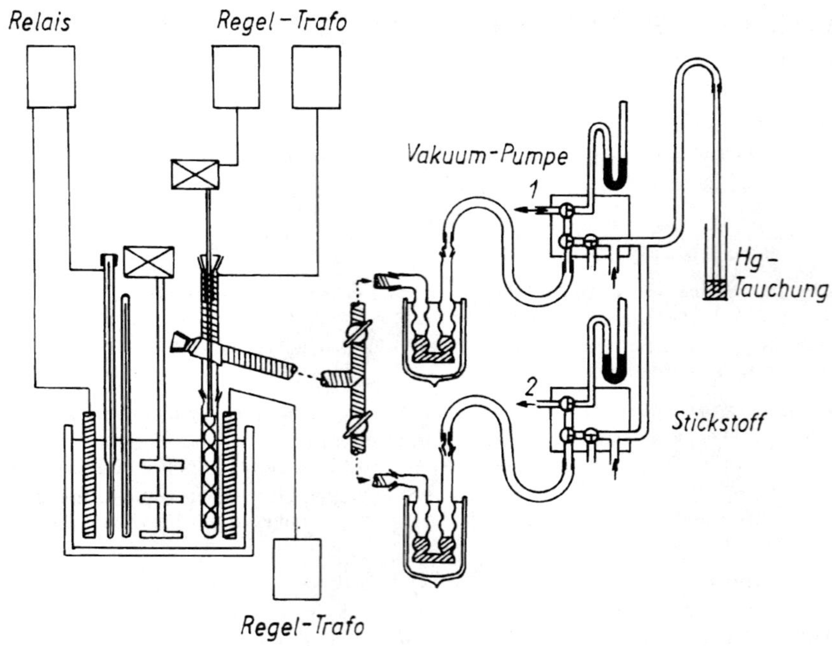

Bild 1. Polykondensationsapparatur für gravimetrisch-kinetische Analysen

Bis-(β-hydroxyäthyl)-terephthalat (F = 111 °C; [COOH] < 1 μ Äqu/g) war nach zweimaligem Umkristallisieren aus Wasser und einmaligem Umkristallisieren aus Aceton katalysatorfrei und analysenrein.

Pro Ansatz wurden 25,4 g (0,1 mol) vor dem Einfüllen in die Apparatur mit analysenreinem $Mn(CH_3COO)_2$ ($5 \cdot 10^{-4}$ mol/mol Monomeres) innig vermischt.

Die Solltemperatur in der Reaktionsmischung stellte sich erst mehrere Minuten nach dem Eintauchen des Polykondensationsgefäßes in das Heizbad ein (Tabelle 2). Der Nullpunkt der kinetischen Zeitskala wurde daher auf den Zeitpunkt 1,5 min nach Eintauchen festgelegt. Wir wissen dazu aus kinetischen Untersuchungen zur Polyumesterung von Bis-(β-hydroxyäthyl)-sebacat [8], daß bei ca. 200 °C schon in beträchtlichem Maße Glykol abgespalten wird. Da sich RGK und Aktivierungsenergien beider Reaktionen nicht um Größenordnungen unterscheiden, schien uns der hier gewählte Nullpunkt verantwortbar.

5 min nach Eintauchen des Reaktionsgefäßes wurde vom Reinststickstoffstrom vorsichtig auf Vakuum umgestellt. Volles Vakuum konnte gewöhnlich ca. 6 min nach dem Eintauchen angelegt werden.

Aus der Summe aller Auswaagen bis zum jeweiligen Zeitpunkt abzüglich des durch Verseifungstitration bestimmten Anteils an mitgerissenem Bis-(β-hydroxyäthyl)-terephthalat (in der ersten Vorlage ca. 60 bis 100 mg) ergibt sich der auszuwertende Meßwert a(τ), die Gesamtmenge des bis zum Zeitpunkt abgespaltenen Glykols in Gramm.

Vergleicht man die Standardabweichungen aus jeweils vier Versuchen mit den Glykolauswaage-Mittelwerten für den zugehörigen Meßzeitpunkt ($\Delta a(\tau)$ in den Tabellen 3 und 4), so sind die ersten vier Meßwerte, und damit alle aus ihnen abgeleiteten Transformationen, recht zuverlässig, der fünfte Meßwert erscheint mit einem (auf den gravimetrischen Wert $\Delta a(\tau)$ bezogenen) Fehler von ca. 50% nur noch bedingt verwendbar. Die in der Folge angegebenen Meßwerte bzw. die aus diesen berechneten Werte $f(a(\tau))$ sind grundsätzlich Mittelwerte aus vier Parallelversuchen.

Tabelle 5 zeigt, daß analysenmethodische Varianten, wie z. B. ein anderer Rhythmus der Vorlagenwechsel, die Meßergebnisse nur in der Größenordnung der Fehlergrenze beeinflussen.

Durch einen Glykoldestillationsversuch und durch Variation der Rührgeschwindigkeit (Tabelle 6) wurde

Tabelle 2. Temperaturverlauf im Reaktionsansatz während der Aufheizperiode

τ [min]	t [°C]			
0,5	54	70	80	76
1,0	130	140	155	154
1,5	199	194	185	193
2,0	208	205	208	214
3,0	229	225	225	232
4,0	245	244	244	244
5,0	249,5	248,5	250	250

Tabelle 3. Fehlerbetrachtung zur kinetischen Analyse von Polykondensationen bei 280 °C Glykolauswaagen von vier Parallelversuchen

τ [min]	$a(\tau)$ [g]	$\Delta a(\tau)$ [g]	$s(a(\tau))$ [g]	$q(a(\tau))$ [g]
8,5	5,3554		0,0223	0,0355
13,5	5,5956	0,2402	0,0261	0,0415
28,5	5,8073	0,2117	0,0292	0,0464
43,5	5,9246	0,1173	0,0360	0,0572
58,5	6,0127	0,0881	0,0372	0,0591
88,5	6,1108	0,0981	0,0633	0,1006
118,5	6,1840	0,0732	0,0714	0,1135

Tabelle 4. Fehlerbetrachtung zur kinetischen Analyse von Polykondensationen bei 250 °C Glykolauswaagen von vier Parallelversuchen

τ [min]	$a(\tau)$ [g]	$\Delta a(\tau)$ [g]	$s(a(\tau))$ [g]	$q(a(\tau))$ [g]
8,5	4,6168	0,3805	0,0254	0,0404
13,5	4,9973	0,5244	0,0168	0,0267
28,5	5,5217	0,2049	0,0261	0,0415
43,5	5,7266	0,1334	0,0286	0,0455
58,5	5,8600	0,1242	0,0614	0,0976
88,5	5,9842	0,1030	0,0447	0,0711
118,5	6,0872		0,0466	0,0741

Tabelle 5. Glykolauswaagen und Zahl der Vorlagenwechsel

τ [min]	$a(\tau)$ [g]	$a(\tau)$ [g]	$a(\tau)$ [g]	$a(\tau)$ [g]
5,0	3,5504			
6,5		4,2127		
8,5	4,6639		4,6143	
13,5	4,9979	5,0401	5,0308	4,9973

nachgewiesen, daß man bei dieser Ansatzgröße und bis zu $\bar{P}_n$ von ca. 30 tatsächlich die Reaktionskinetik und nicht die Transportkinetik des Glykols mißt.

Bei Zugabe von $a_0 = 6{,}207$ g Glykol zu einem Ansatz ($t = 250\,°C$; $5 \cdot 10^{-4}$ mol $Mn(Ac)_2$/mol Monomeres) wurden zum ersten Probenahmezeitpunkt ($\tau_1 = 8{,}5$ min) 0,072 g Glykol mehr als die zu erwartende Menge ($\bar{a}(\tau_1) + a_0$) gefunden ($\bar{a}(\tau_1)$ aus Tabelle 4). Das Glykol wird also bei dieser Temperatur hinreichend rasch in die Vorlagen transportiert und dort, wie schon Tabelle 5 bewies, quantitativ festgehalten.

In Tabelle 6 wird bereits eine numerisch-kinetische Auswertung der Polykondensation bei 250 °C vorweggenommen, um den Einfluß der Rührgeschwindigkeit auf den Glykoltransport durch die Schmelze beurteilen zu können. Man sieht, daß die ersten fünf $k_{II}(\tau)$-Werte für die von uns verwendete und für eine höhere Rührerdrehzahl hinreichend gut übereinstimmen. Die $k_{II}(\tau)$-Mittelwerte für Ansätze mit der Rührerdrehzahl 50 min^{-1} zeigen, wie notwendig diese methodischen Vorversuche waren. Bei der weniger intensiven Durchmischung der Schmelze wird der Transport des Glykols durch die schmelzflüssige Phase schon nach ca. 20 min geschwindigkeitsbestimmend.

Tabelle 6. k_{II}-(τ)-Werte von Polykondensationen bei 250 °C für unterschiedliche Rührgeschwindigkeiten

τ [min]	$k_{II} \cdot 10^{-3}$ [g · mmol^{-1} s^{-1}]		
	50 [min^{-1}]	100 [min^{-1}]	160 [min^{-1}]
8,5	1,106	1,094	1,125
13,5	0,983	0,982	1,065
28,5	0,898	1,102	1,033
43,5	0,707	1,062	0,826
58,5	0,647	1,150	0,895
88,5	0,560	1,229	0,802
118,5	0,499	1,809	1,029

3. *Auswertemethoden*

Die Bruttoreaktionsordnung der Polykondensation wurde auf drei verschiedenen Wegen bestimmt: Graphisch oder numerisch auf der Grundlage der integrierten Geschwindigkeitsgleichung erster bis dritter Ordnung und außerdem mit Hilfe des graphisch-numerischen Näherungsverfahrens von *Ullrich* und *Dietze* [9].

Nach *Ullrich* und *Dietze* werden experimentell ermittelte Konzentrationsbrüche

$$\mu(\tau) = \frac{c(\tau)}{c_A},$$

$c(\tau)$ = Konzentration an abspaltbarem Glykol im Reaktionsansatz zum Zeitpunkt τ_i,
c_A = entsprechende Ausgangskonzentration,

mit berechneten $\mu_n(\tau)$-Werten für die einzelnen Ordnungen verglichen.

Zur Berechnung der $\mu_n(\tau)$-Werte wird die Halbwertszeit τ_H als Experimentalparameter benötigt. Die Halbwertszeit geht in Form des Quotienten

$$\tau' = \frac{\tau}{\tau_H}$$

in die Bestimmungsgleichung für $\mu_n(\tau)$ [9] ein:

$$\mu_n(\tau) = [(2^{n-1} - 1)\,\tau' + 1]^{1/1-n} \quad n \neq 1. \tag{1}$$

Für die Berechnung des experimentellen $\mu(\tau)$ braucht man die Endgruppenkonzentrationen $c(\tau)$ und c_A. Sie können durch Massenbrüche gemessener und/oder berechneter Glykolmengen ausgedrückt werden. So ergibt sich $c(\tau)$ als Quotient aus der zum Zeitpunkt τ_i abspaltbaren Glykolmenge und der zugehörigen Gesamtmasse des Reaktionsansatzes (mit m_0 = Gesamtmasse vor Reaktionsbeginn):

$$c(\tau) = \frac{a_0 - a(\tau)}{m_0 - a(\tau)}.$$

Die (in Form von Hydroxyäthylester gebundene) Glykolmenge vor Reaktionsbeginn (a_0) und $a(\tau)$ stehen dabei für die vor Reaktionsbeginn vorhandenen bzw. für die zum Zeitpunkt τ_i umgesetzten Endgruppenäquivalente. Entsprechend ist

$$c_A = \frac{a_0}{m_0},$$

so daß folgt

$$\mu(\tau) = \frac{\dfrac{a_0 - a(\tau)}{m_0 - a(\tau)}}{\dfrac{a_0}{m_0}} = \frac{m_0[a_0 - a(\tau)]}{a_0[m_0 - a(\tau)]}. \tag{2}$$

$c(\tau)$ und c_A sind identisch mit N und N_0 aus der *Flory*schen Definition des Reaktionsfortschrittsgrades, also gilt weiter

$$\mu(\tau) = (1 - p)$$

bzw. für die abhängige Variable in den klassischen Bestimmungsgleichungen für die Reaktionsordnung von Polykondensationsreaktionen

$$\frac{1}{1-p} = \frac{a_0[m_0 - a(\tau)]}{m_0[a_0 - a(\tau)]}. \tag{3}$$

Tabelle 7. $k(\tau)$-Werte der Polykondensation bei 280 °C für verschiedene Reaktionsordnungen

τ [min]	I. Ordnung 10^{-3} [s^{-1}]	II. Ordnung 10^{-3} [g · mmol^{-1} · s^{-1}]	III. Ordnung 10^{-3} [g^2 · mmol^{-2} · s^{-1}]
8,5	3,406	2,334	1,621
13,5	2,843	2,165	2,489
28,5	1,438	1,588	2,578
43,5	1,059	1,448	3,120
58,5	0,894	1,596	4,889
88,5	0,696	1,864	9,226
118,5	0,683	4,554	77,122

4. *Diskussion der Ergebnisse*

Für die Versuche bei 280 °C fällt die eindeutige Entscheidung zugunsten einer bestimmten Reaktionsordnung schwer. Anhand der $k_n(\tau)$-Werte (Tabelle 7) und beim Vergleich von $\mu(\tau)$ mit $\mu_{II}(\tau)$ bzw. $\mu_{III}(\tau)$ (Tabelle 8) ist zwar mit Sicherheit zu sagen, daß die Reaktion bei dieser Temperatur nicht nach der ersten oder dritten Ordnung verläuft. Auf eine zweite Ordnung können wir uns aber bei dem beträchtlichen Gang in den $k_{II}(\tau)$-Werten noch nicht festlegen.

Bei unseren früheren Ergebnissen (vgl. z. B. Tabelle 2 in [6]) war bei 280 °C und 12 · 10^{-4} mol Katalysator/mol Monomeres der Gang in der Reihe der $k_{II}(\tau)$-Werte noch erheblich größer. Die $k_{III}(\tau)$-Werte für Zinkacetat als Katalysator schwankten demgegenüber nur zwischen 6,30 · 10^{-3} g^2 · mmol^{-2} · s^{-1} (15 min) und 5,66 · 10^{-3} g^2 · mmol^{-2} · s^{-1} (90 min). Die entsprechenden Werte für Manganacetat als Katalysator waren zahlenmäßig und in ihrer Zeitabhängigkeit fast identisch mit den Werten für die Zinkkatalyse.

Heute wissen wir, daß diese anscheinende Konstanz der damaligen $k_{III}(\tau)$-Werte durch die gleichsinnige Wirkung eines methodischen und eines auswertetechnischen Fehlers vorgetäuscht worden war. Es war methodisch falsch gewesen, die Reaktionsmischung vor Reaktionsbeginn 5 min bei 130 °C zu halten. Während dieser Zeit wurde bereits Glykol abgespalten, das den $a(\tau_1)$-Wert belastete. Hinzu kam, daß wir in Anlehnung an *Skwarski* [5] $a(\tau)/a_0$ als p in die Bestimmungsgleichungen einsetzten. In die *Flory*sche Gleichung geht aber nicht eine beziehungslose Anzahl von Endgruppen ein, sondern die Konzentration an Endgruppen. Deren Bezugsgröße (in unserem Falle die

Tabelle 8. Experimentelle und für II. sowie III. Ordnung berechnete μ-Werte der Polykondensation bei 280 °C (τ_H = 2,5 min)

τ [min]	τ'	μ gemessen	μ_{II}	μ_{III}
8,5	3,40	0,1760	0,2273	0,2897
13,5	5,40	0,1266	0,1563	0,2411
28,5	11,40	0,0856	0,0806	0,1686
43,5	17,40	0,0630	0,0543	0,1375
58,5	23,40	0,0434	0,0410	0,1190
88,5	35,40	0,0257	0,0275	0,0966
118,5	47,40	0,0078	0,0207	0,0836

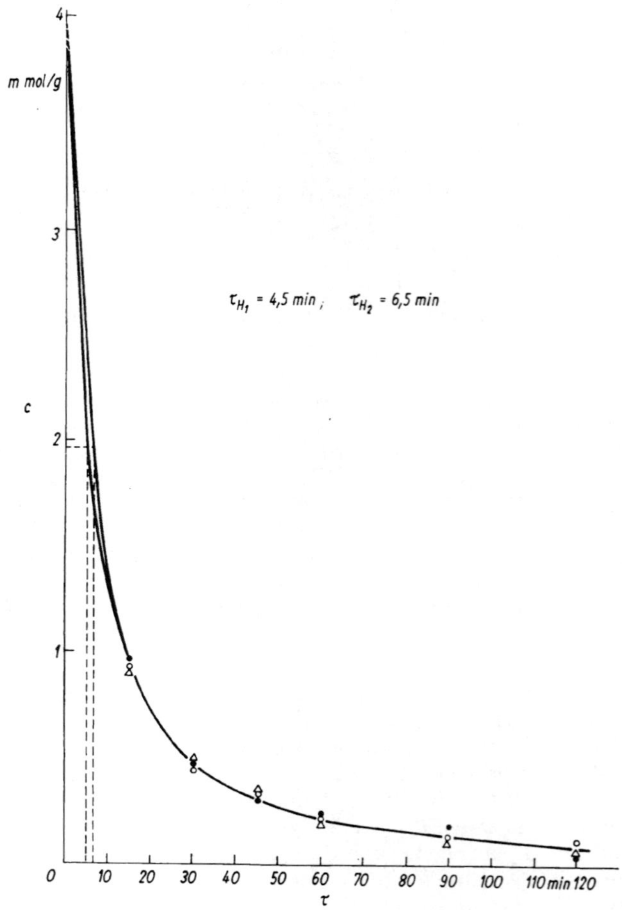

Bild 2. Bestimmung der Halbwertszeit der Polykondensation von Bis-(β-hydroxyäthyl)-terephthalat bei 250 °C
5 · 10^{-4} mol $Mn(CH_3COO)_2$/mol Monomeres

Masse) ändert sich wegen des beträchtlichen Masseverlusts durch die Glykolabspaltung. Es ist also richtiger, die Massekonzentrationen c und c_A für die Berechnung von $(1 - p)$ zu verwenden (Gleichung (3) und (2)).

Bei der Auswertung nach *Ullrich* und *Dietze* haben wird das auch in [6] bereits getan. Dabei war es aber wiederum nicht zulässig, von den bereits sehr niedrigen c-Werten für $\tau = 15$ min (das wahre τ war wegen des schon diskutierten Vorheizfehlers > 15 min) nach c_0 hin zu extrapolieren, da $c(\tau_1)$ noch auf dem in Abszissenrichtung verlaufenden Ast der Hyperbel $c = f(\tau)$ lag. Vor allem aus diesem Grunde haben wir unsere neuen Versuchsreihen auch bei niedrigeren Temperaturen angesetzt und dadurch etwas höhere $c(\tau)$-Werte erhalten.

Bild 2 zeigt, daß es selbst bei 250 °C noch nicht eindeutig möglich ist, sich für *einen* Extrapolationskurvenverlauf zu entscheiden. Erst die nachfolgende rechnerische Auswertung für beide τ_H läßt den Schluß zu, daß $\tau_H = 4,5$ min die richtigere der beiden möglichen Halbwertszeiten ist (Tabelle 9 und 10).

Nur für diese Halbwertszeit kann man sicher auf eine zweite Ordnung schließen. Die dritte Ordnung scheidet

Tabelle 9. Experimentelle und für τ_H = 4,5 min berechnete μ-Werte der Polykondensation bei 250 °C

τ [min]	τ'	μ gemessen	μ_{II}	μ_{III}
8,5	1,889	0,3131	0,3461	0,3872
13,5	3,000	0,2422	0,2500	0,3163
28,5	6,333	0,1189	0,1364	0,2235
43,5	9,667	0,0840	0,0937	0,1826
58,5	13,000	0,0592	0,0714	0,1581
88,5	19,667	0,0375	0,0484	0,1294
118,5	26,333	0,0194	0,0366	0,1118

Tabelle 10. Experimentelle und für τ_H = 6,5 min berechnete μ-Werte der Polykondensation bei 250 °C

τ [min]	τ'	μ gemessen	μ_{II}	μ_{III}
8,5	1,308	0,3131	0,4333	0,4505
13,5	2,077	0,2422	0,3250	0,3720
28,5	4,385	0,1189	0,1857	0,2658
43,5	6,692	0,0840	0,1300	0,2174
58,5	9,000	0,0592	0,1000	0,1889
88,5	13,615	0,0375	0,0684	0,1550
118,5	18,231	0,0194	0,0520	0,1340

Tabelle 11. Polykondensation bei 250 °C $k_{II}(\tau)$-Werte und ihre Fehler

τ [min]	$k_{II}(\tau)$ 10^{-3} [g · mmol^{-1} · s^{-1}]	s 10^{-3} [g · mmol^{-1} · s^{-1}]
8,5	1,094	0,029
13,5	0,982	0,020
28,5	1,102	0,063
43,5	1,062	0,075
58,5	1,150	0,206
88,5	1,229	0,280
118,5	1,809	0,876

Tabelle 12. Mangankatalysierte Polykondensation von Bis-(β-hydroxyäthyl)-terephthalat. Offenes, mechanisch durchmischtes System, Schichtdicke 3 bis 4 mm, Vakuum 0,2 bis 0,4 Torr. 5 · 10^{-4} mol $Mn(CH_3COO)_2$/mol Monomeres Temperaturabhängigkeit von $\bar{k}_{II}(\tau)$

t [°C]	$\bar{k}_{II}(\tau)$ 10^{-3} [g · m mol^{-1} · s^{-1}]	q 10^{-3} [g · m mol^{-1} · s^{-1}]
250	1,105	0,06
265	1,413	0,13
280	1,833	0,14

für beide τ_H-Werte von vornherein aus. An der Reihe der auf klassischem Wege berechneten $k_{II}(\tau)$-Werte für 250 °C (Tabelle 11) sieht man, daß das graphisch-numerische „Probieren" in diesem Falle zulässig ist. Bei 250 °C liegt eindeutig, wie auch Bild 3 noch einmal erkennen läßt, eine zweite Ordnung vor. Wir hatten uns selbstverständlich in visuell kontrollierten Vorversuchen davon überzeugt, daß die Reaktion bei dieser unterhalb des Polymerenschmelzpunkts (256 °C [10], 264 bis 278 °C [11], 260 °C [12], vgl. dazu auch [13]) liegenden Temperatur während des Meßzeitraumes in homogener Phase verläuft. Der Wiederanstieg der

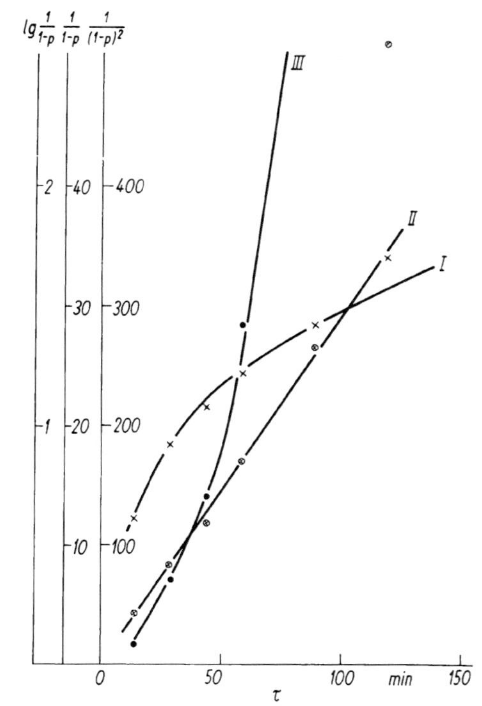

Bild 3. Graphische Ermittlung der Reaktionsordnung Polykondensation von Bis-(β-hydroxyäthyl)-terephthalat bei 250 °C

5 · 10^{-4} mol $Mn(CH_3COO)_2$/mol Monomeres

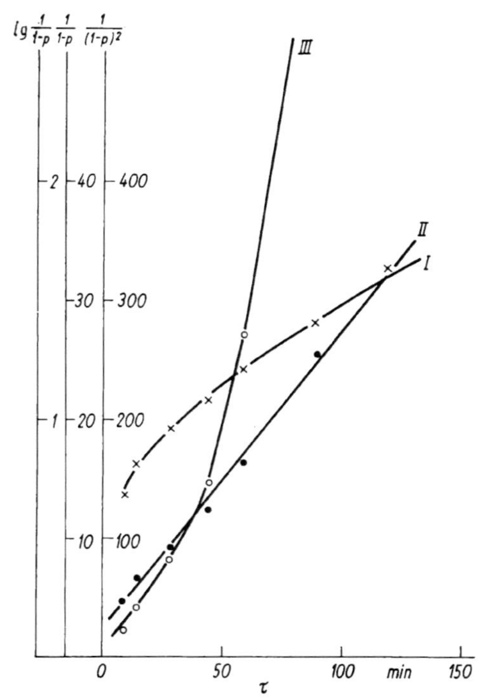

Bild 4. Graphische Ermittlung der Reaktionsordnung Polykondensation von Bis-(β-hydroxyäthyl)-terephthalat bei 265 °C

5 · 10^{-4} mol $Mn(CH_3COO)_2$/mol Monomeres

letzten beiden $k_{II}(\tau)$-Werte in Tabelle 11 erklärt sich, wie die zugehörigen Standardabweichungen deutlich zeigen, aus der zunehmenden Unsicherheit der Meßwerte.

Für 265 °C ist, wie Bild 4 belegt, ebenso wie für 250 °C die eindeutige Entscheidung möglich, daß die von uns untersuchte Reaktion nach dem Geschwindigkeitsgesetz II. Ordnung verläuft. Wir nehmen nun an, daß diese Reaktionsordnung auch bei 280 °C gilt. Die Überhöhung von $k_{II}(\tau)$ für die ersten beiden Meßzeitpunkte (Tabelle 7) ist nach unserer Auffassung zum Teil darauf zurückzuführen, daß wir die Dichteänderung im System nicht in die $c(\tau)$-Berechnung einbezogen haben.

Aus den Geschwindigkeitskonstanten (für die mangankatalysierte Reaktion bei einer Katalysatorkonzentration von $5 \cdot 10^{-4}$ mol $Mn(Ac)_2$/mol Monomeres) bei den drei untersuchten Temperaturen (Tabelle 12) ergibt sich bei numerischer Auswertung eine Aktivierungsenergie von $E_A = 9683$ cal · mol^{-1} mit einem Vertrauensbereich von $q(E_A) = 1418$ cal · mol^{-1}.

Wir danken Frau *C. Bischoff* und Frau *I. Ruhnau* für gewissenhafte Mithilfe bei den kinetischen Messungen.

Literatur

[1] *Griehl, W.*, und *Schnock, G.:* Zur Katalyse der Polyesterbildung durch Esteraustausch. Faserforsch. u. Textiltechnik **8** (1957) 10, S. 408—416.
Griehl, W., und *Schnock, G.:* Zur Kinetik der Polyesterbildung durch Umesterung. J. Polymer Sci. **30** (1958) S. 413—422.

[2] *Koršak, V. V.*, *Bekasova, N. I.*, und *Zamjatina, V. A.:* Über Polyester mit Heteroketten. X. Die Kinetik der Polykondensation von Diäthyloltcrephthalat. Izv. Akad. Nauk SSSR, Otd. chim. (Nachr. Akad. Wiss. UdSSR, Abt. chem. Wiss.) **4** (1958) S. 486—491.

[3] *Koršak, V. V.*, *Zamjatina, V. A.*, und *Bekasova, N. I.:* Über Polyester mit Heteroketten. XV. Untersuchung der Polykondensation in dünner Schicht. Vysokomol. Soed. (Hochmol. Verbind.) **1** (1959) S. 1586—1592.

[4] *Morozov, N. A.*, *Radčenko, N. G.*, und *Kolčin, A. A.:* Polykondensation von Diäthylolterephthalat in dünner Schicht. Plast. Massy. Moskva (Plast. Massen) **4** (1967) S. 18—20.

[5] *Skwarski, T.:* Untersuchungen über die Kinetik der Polykondensation von Terephthalsäure-dimethylester mit Äthylenglykol. Zeszyty nauk. Politechn. Łódzkiej (Wiss. H. Polytechn. Łódź) Chemia (Chemie) **4** (1956) S. 41—61.

[6] *Zimmermann, H.*, *Reinisch, G.*, *Gehrke, K.*, *Leibnitz, E.*, und *Lohmann, P.:* Reaktionsmechanismen in Polyäthylenterephthalatschmelzen. Vortrag 2. Chemiefasersymposium, Berlin 1965, Abh. Dt. Akad. Wiss., Kl. Chemie, Geol., Biol. (1965) S. 19—27.

[7] *Lohmann, P.:* Kinetische Untersuchungen und Modellversuche zur metallionenkatalysierten Polyäthylenterephthalat-Bildung. Dissertation Math.-Nat. Fak. der Karl-Marx-Universität Leipzig 1965.

[8] *Rafler, G.:* Kinetische und polymerchemische Untersuchungen zur Polyäthylenterephthalat- und Polyäthylen-terephthalat-co-sebacat-Bildung. Dissertation Math.-Nat. Fak. der Friedrich-Schiller-Universität Jena 1968.

[9] *Ullrich, H.*, und *Dietze, H.:* Zur Kinetik homogener chemischer Reaktionen. Chemie-Ing.-Technik **36** (1964) 7, S. 717—729.

[10] *Carpenter, A. S.:* Recent developments in synthetic fibres. J. Soc. Dyers Colourists **65** (1949) S. 469—478.

[11] *Taylor, G. W.:* The melting point of polyethylene terephthalate. Polymer, London **3** (1962) S. 543—547.

[12] *Nakamura, I.*, und *Hayashi, E.:* Low molecular weight polyethylene terephthalate and fiber forming property. J. Polymer Sci., B: Polymer Letters **2** (1964) S. 851 bis 854.

[13] *Zahn, H.*, und *Seidel, B.:* Weitere Oligoester der Terephthalsäure mit Glykol. Makromol. Chemie **29** (1959) S. 70—92.

Eingegangen am 10. Januar 1969

Vergleich der Struktur und des Farbstoffaufnahmevermögens von Fäden aus Polyacrylnitril und Acrylnitril/Methylacrylat-Copolymerisaten

Volker Gröbe und Renate Gieseke

Deutsche Akademie der Wissenschaften zu Berlin, Institut für Faserstoff-Forschung in Teltow-Seehof

Herrn Prof. Dr. Hermann Klare zur Vollendung des 60. Lebensjahres gewidmet

DK 677.494.745.32:677.494.745.32—134.325:677.494.021.5:677.494.061.3:537.533.35

Unverstreckte Gelfäden aus binären Acrylnitril/Methylacrylat-Copolymerisaten weisen — wenn sie aus wäßrigen Fällmedien ersponnen wurden — im Elektronenmikroskop eine andere Morphologie auf als Homopolymerisatfäden: Im Innern der Copolymerisatfäden liegt das Polymergefüge in Form großer, kugelartiger Struktureinheiten vor, während die Homopolymerisatfäden an diesen Stellen ein feinmaschiges Netzwerk enthalten. Als wichtigste Konsequenz ergibt sich, daß jene Copolymerisatfäden weniger Farbstoff aufnehmen.

Сравнительное изучение структуры нитей из полиакрилонитрила и сополимеров акрилонитрила с метилакрилатом с их способностью к сорбции красителей

Невытянутые нити из бинарных сополимеров акрилонитрила с метакрилатом в состоянии геля в случае их формования в водные осадительные ванны при электронномикроскопическом наблюдении показали иную морфологическую картину, чем нити из гомополимера. Во внутренних слоях сополимерных нитей наблюдаются крупные глобулярные элементы структуры, в то время как аналогичные слои гомополимерных нитей образуют плотную сеть. Наиболее важным следствием этого различия морфологии является тот факт, что первые выбирают меньшее количество красителя.

Relationship between Structure and Dye Absorption of Polyacrylonitrile and Acrylonitrile-Methylacrylate Copolymer Fibres

Electron microscopic examination proved the structure of undrawn gel filaments obtained by spinning acrylonitrile/methylacrylate copolymers into aqueous coagulation baths to differ from that of polyacrylonitrile filaments. While the structure of copolymer filaments is made up of large spherical particles, the homopolymer filament reveals a small-meshed network structure. The most important practical implication lies in the lower dye absorption of the copolymer filaments.

1. *Einleitung*

Den Einfluß verschiedenartiger Cokomponenten in binären Acrylnitrilcopolymerisaten auf die Morphologie der entsprechenden Fäden, die beim Naßspinnen in wäßrigen Fällmedien primär entstehen, prüften vor einigen Jahren *Takeda* u. Mitarb. [1]. Sie setzten als Lösungsmittel für das Polymere Dimethylsulfoxid ein und als Cokomponente unter anderem auch den Methylester der Acrylsäure (MA), also eine Verbindung ohne farbstoffaffine Gruppe. Die Autoren betonen, daß in diesem Fall die Fadenstruktur kaum verändert wird — allerdings wählten sie dabei relativ niedrige Anteile der zweiten Komponente (2 mol%).

Uns interessierten nun die Fragen:

1. ob jene Aussagen auch dann gültig bleiben, wenn Dimethylformamid (DMF) als Lösungsmittel verwendet wird und sich zugleich der MA-Gehalt der Acrylnitrilcopolymerisate erhöht,
2. ob als Folge einer gegebenenfalls stattfindenden Variation der Struktur der Gelfäden auch ihr Farbstoffaufnahmevermögen beeinflußt wird.

Tabelle 1. Polymerisate

Bezeichnung	%-Gehalt MA	η_{sp}*
R 201	—	0,109
R 2836	—	0,174
R 6350	—	0,185
Pt 511 a	2,7	0,170
M 10	4,8	0,189
M 11 W	7,6	0,195
HG 16 A/3 M	7,6	0,176

*) 0,1%ige Lösung in Dimethylformamid, 25 °C, Kapillare Oa

2. *Versuchsmethodik*

Die Polymerisate wurden nach der Methode der Fällungspolymerisation in Wasser (Redoxsystem: $S_2O_8^{--}/S_2O_5^{--}/Fe^{++}$) synthetisiert; ihre analytischen Daten gehen aus Tabelle 1 hervor. Sie wurden in DMF kalt suspendiert, dann bei 70°C gelöst und nach dem Filtrieren auf Naßspinnapparaturen [2, 3] unter Verwendung von Wasser als Fällmedium bei 20 °C zu Fäden verformt.

Diese unverstreckten Fäden wurden nun nach einem Aufenthalt in verschieden temperierten wäßrigen Wasch- bzw. Nachbehandlungsbädern unter weitgehendem Erhalt ihres Quellungszustandes, d. h. ohne Trocknen, untersucht.

Zur Charakterisierung ihrer Struktur diente die elektronenmikroskopisch sichtbare Querschnittsgestalt. Außerdem ermittelten wir ihre Farbstoffaufnahme aus einer wäßrigen Malachitgrün-Lösung bei 25 °C in Abhängigkeit von der Zeit und im Gleichgewicht. Als zusätzlichen Strukturparameter der Gelfäden bestimmten wir ihren Quellwert [4]. Darüber hinaus führten wir — um Anhaltspunkte über den Lösungszustand der Polymerisate zu erhalten — Trübungstitrationen verdünnter Lösungen mit Wasser als Fällmittel durch.

2.1. *Elektronenmikroskopie*

Wir bereiteten unsere Gelfäden nach zwei unterschiedlichen Prinzipien für die Untersuchung im Elektronenmikroskop vor:

a) durch sukzessiven Alkoholaustausch, Einbetten in Poly-(butyl-/methylmethacrylat), Schneiden auf einem Ultramikrotom und Bedampfen des vom Einbettungsmittel befreiten Dünnschnittes mit Palladium [5];
b) mit Hilfe der Methode der Gefrierätzung.

2.1.1. Gefrierätzung

Diese Arbeiten erfolgten auf einer Anlage der Fa. Balzers AG. Das Prinzip der Methode besteht aus einer Folge von fünf präparativen Schritten:

a) *Gefrierschocken* der wasserhaltigen Probe in flüssigem Dichlordifluormethan (Freon 12) auf $-150\,°C$.
b) *Anschneiden* des gefrorenen Objektes im Hochvakuum mit einem gekühlten Messer. Es entsteht eine Bruchfläche.
c) „*Ätzen*" der Bruchfläche: Das Eis sublimiert im Hochvakuum, dabei wird reliefartig die Objektstruktur enthüllt.
d) *Bedampfen* des freigelegten Reliefs mit Platin und — zur Stabilisierung — mit Kohle.
e) *Isolieren* des Abdruckes; das gefrorene Objekt wird aufgetaut und weggelöst, der Platin/Kohle-Film auf einem Trägernetz aufgefangen.

Wir setzten Gel-Borsten oder eine in Wasser bereitete „Aufschlämmung" feinst zerschnittener Fäden ein und ätzten bei einer Objekt-Temperatur von $-100\,°C$ und einem Vakuum von 10^{-6} Torr. Die Ätzzeiten betrugen 5 s bis 5 min. Als Ablösemittel eignete sich eine konzentrierte wäßrige Calciumrhodanidlösung.

2.2. Farbstoffaufnahmevermögen

Aus der Geschwindigkeit der Farbstoffdiffusion in einen Faden können — in Verbindung mit den Gleichgewichtswerten — Rückschlüsse auf seine Struktur gezogen werden. Von dieser Möglichkeit haben verschiedene Autoren Gebrauch gemacht und die Zusammenhänge zwischen dem Aufbau und dem Farbstoffaufnahmevermögen makromolekularer Formkörper erkundet [6 bis 13]. In den meisten Arbeiten standen bisher jedoch die fertigen, d. h. verstreckten und getrockneten Fasern im Vordergrund.

2.2.1. Malachitgrün-Farbstofflösung

Wäßrige Lösungen von Malachitgrün sind längere Zeit hinreichend stabil, wenn ein pH-Wert von 4 bis 5 eingestellt wird [14]. Wir verwendeten ein Produkt folgender Zusammensetzung:

$$2\,[C_{23}H_{25}N_2]\cdot 3\,C_2H_2O_4$$

N_{ber}	6,04%	N_{gef}	5,96%
Ox. Sre_{ber}	28,90%	Ox. Sre_{gef}	29,70%.

Es erwies sich als zweckmäßig, von einer Farbstoff-Stammlösung auszugehen und diese auf die gewünschte Konzentration — 0,100 g Farbstoff pro 1000 ml Lösung — zu verdünnen. Für das Ansetzen dieser Ausgangslösung und für das Verdünnen diente „Standardacetat" nach *Michaelis* (1000 ml n/1 NaOH, 2000 ml n/1 Essigsäure, 7000 ml Wasser), pH = 4,6. Die Endkonzentration wurde durch Extinktionsmessungen kontrolliert und ggf. korrigiert (Spektralphotometer *Spekol*).

2.2.2. Messung des Farbstoffaufnahmevermögens

Wir untersuchten die Fäden einmal in „endlichen" Bädern, bei denen die Abnahme der Farbstoffkonzentration während des Färbevorganges $\geqq 10\%$ betrug, zum anderen mit einem sehr großen Überangebot an Farbstoff-Lösung, so daß hier diese Abnahme höchstens 5% ausmachte.

Von *Rosenbaum* ist im Detail eine Apparatur beschrieben worden, mit deren Hilfe er übersichtlich und reproduzierbar Polyacrylnitrilfasern färbte und auch die Kinetik dieses Vorganges verfolgte [14]. Wir haben diese Vorrichtung und auch die Färbegefäße als Vorbild genommen und mit einer etwas abgeänderten, aber prinzipiell ähnlichen Kombination Thermostat/Schüttelmaschine gearbeitet. Die Temperaturkonstanz des Färbebades lag wesentlich höher als die bei unseren Färbetemperaturen notwendige: Sie betrug $\pm 0{,}01$ grd. Als günstige Schüttelgeschwindigkeit erwies sich eine Frequenz von 96 Zyklen/min bei einem Hub von 28 cm; Abweichungen nach oben führten zu keinen Unterschieden mehr im Farbstoffaufnahmevermögen.

Färben in „endlichem" Medium

Zunächst wurden die Färbegefäße — modifizierte Erlenmeyerkolben — mit 100 ml Malachitgrün-Lösung gefüllt, dann wurde die Fadenprobe zugegeben, der Schüttelmotor angestellt, nach definierten Zeiten der Kolben aus der Apparatur entnommen und ein Teil der Farbstoff-Lösung abgegossen. Bei einiger Übung kann Entnahme und Abgießen innerhalb 0,5 s bewältigt werden.

Aus der Extinktion der abgetrennten Farbstoff-Lösung läßt sich deren Konzentration ermitteln und aus diesem Wert die von der Faser aufgenommene Farbstoffmenge berechnen. Dabei wurde das Gewicht der getrockneten Fadenprobe zugrunde gelegt.

Die Küvetten hatten eine optische Länge von 0,200 cm; als Vergleichslösung verwendeten wir das oben erwähnte Standardacetat. Die Meßtemperatur betrug $22\,°C \pm 2$ grd; selbst Abweichungen von ± 10 grd wirkten sich auf die Extinktionswerte nicht nachweisbar aus.

Die Konzentrationswerte entnahmen wir einer Eichkurve; bei ihrer Aufstellung wurde der Einfluß von DMF-Spuren in der Farbstoff-Lösung berücksichtigt.

Als Wellenlänge des Lichtes wählten wir 550 nm; die Extinktionen lagen zwischen 0,1 und 1,2.

Färben in „unendlichem" Medium

Als Färbegefäße dienten entsprechend dimensionierte Glaskolben bzw. Glasflaschen.

Da sich bei dieser Färbemethode die Farbstoffkonzentration in der Flotte nur geringfügig ändert, mußte der aufgezogene Farbstoff direkt gemessen werden: Die Faserproben wurden nach dem Färben sehr schnell dem Gefäß entnommen, mit Filterpapier von oberflächlich anhaftender Lösung befreit, bei 70 °C getrocknet und dann in DMF gelöst; die Extinktion der Lösung wurde wie beschrieben bestimmt.

Tabelle 2. Entfärbung einer Malachitgrün-Lösung durch Dimethylamin

Zugegebene Menge Malachitgrün-Lsg. [ml]	Rein-DMF	1000 ml DMF enthalten Dimethylamin 0,01 g	0,02 g	0,05 g	0,10 g	0,50 g
2	35 min	25 s				
5	40 min	1 min	17 s			
10			40 min	10 s	5 s	
15				60 min	13 s	
20					60 min	4 s

Die für die Auswertung notwendigen Eichkurven wurden an DMF-Lösungen aufgenommen, die neben verschiedenen Anteilen Malachitgrün noch Polymerisat der entsprechenden Art und Menge enthielten.

Es ist unbedingt notwendig, die DMF-Lösungen zu stabilisieren (z. B. mit Oxalsäure), da sonst die Extinktionen laufend absinken und die Lösung sich schließlich völlig entfärbt. Hierfür sind die Amin-Spuren im DMF verantwortlich. Wie wir feststellten, besteht ein Zusammenhang zwischen Amingehalt und Entfärbungsgeschwindigkeit:

Fünf Proben von je 100 ml DMF mit definiertem Dimethylamin-Gehalt wurden mit verschiedenen Mengen einer wäßrigen Malachitgrün-Lösung (0,1 g Farbstoff in 100 ml Wasser) versetzt. Die Zeit, die bis zur Entfärbung verging, ist aus der Tabelle 2 abzulesen.

Die Werte zeigen, daß diese Verfahrensweise zur raschen quantitativen Bestimmung von Amin-Spuren in DMF herangezogen werden kann.

Kontrolle der Ablösemethode

Die Ablösemethode prüften wir auf Zuverlässigkeit, indem wir sie auch bei Färbungen in „endlichen" Bädern anwendeten und die Ergebnisse mit jenen verglichen, die wir bei der Färbung nach der eingangs beschriebenen Methode (Differenzmessung) erhalten hatten. Weiterhin veränderten wir dabei das Flottenverhältnis. Somit konnte bei diesen Versuchen geklärt werden,

a) ob die auf die Faser aufgezogene Farbstoffmenge beim Ablösen mit DMF quantitativ erfaßt wird,
b) inwieweit sich eine Veränderung des Flottenverhältnisses und damit der angebotenen Farbstoffmenge auf die Farbstoffaufnahme auswirkt.

Für diese Untersuchungen verwendeten wir Gelfäden, die aus 18,1%igen Lösungen des Homopolymerisates R 2836 ersponnen und dann 48 h in Wasser gelagert waren (Förderung: 6,84 g/min, Düse: 10 · 0,20 mm, Abzug: 8,12 m/min). Ihr Durchmesser betrug 0,2643 mm, das Trockengewicht 0,81 g.

Diese Fäden wurden mit verschiedenen Volumina Farbstoff-Lösung behandelt. Nach der Bestimmung der aufgenommenen Farbstoffmenge (Differenzmessung) wurde jeweils dieselbe — aber getrocknete — Faserprobe in 20 ml (wenn zuerst 30 s gefärbt worden war) bzw. 200 ml (bei 20 h-Färbungen) DMF, das 0,5% Oxalsäure enthielt, aufgelöst. In der resultierenden Lösung wurde nun wiederum die Farbstoffkonzentration ermittelt.

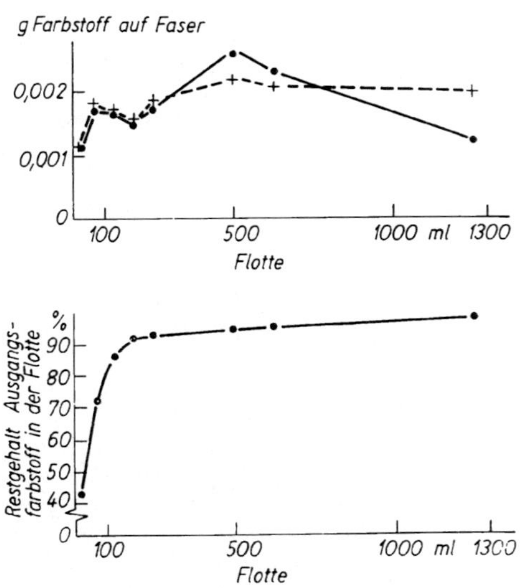

Bild 1. Farbstoffaufnahme von Homopolymerisatfäden
Färbezeit: 30 s
——— Differenzmessung
– – – – Ablösemethode

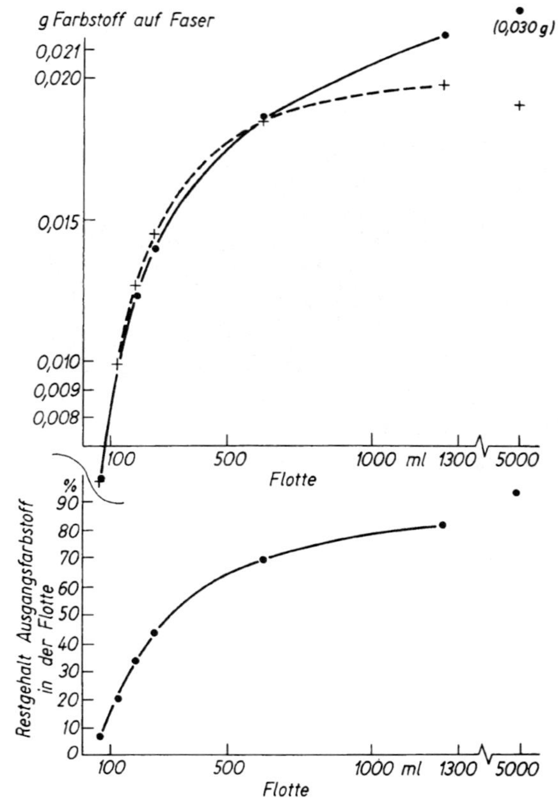

Bild 2. Farbstoffaufnahme von Homopolymerisatfäden
Färbezeit: 20 h
——— Differenzmessung
– – – – Ablösemethode

Die Ergebnisse sind in den Bildern 1 und 2 sowie in der Tabelle 3 zusammengestellt. Daraus geht hervor:

a) Mit der gewählten Methode kann die auf die Faser aufgezogene Farbstoffmenge tatsächlich wieder erfaßt werden. Für sehr große Flottenverhältnisse dürfte diese Methode sogar weitaus zuverlässigere Resultate liefern,

Tabelle 3. Verhältnis von abgelöster Farbstoffmenge (A) zur Farbstoffmenge, die durch Differenzmessung ermittelt wurde (B)

Eingesetztes Volumen Farbstofflösung [ml]	A/B Färbezeit 30 s	A/B Färbezeit 20 h
20	1,018	
62,5	1,055	0,991
125	1,008	0,999
187,5	1,033	1,024
250	1,057	1,037
500	0,830	
625	0,903	0,996
1250	1,600	0,918
5000		0,637

Bild 3. Homopolymerisatfaden

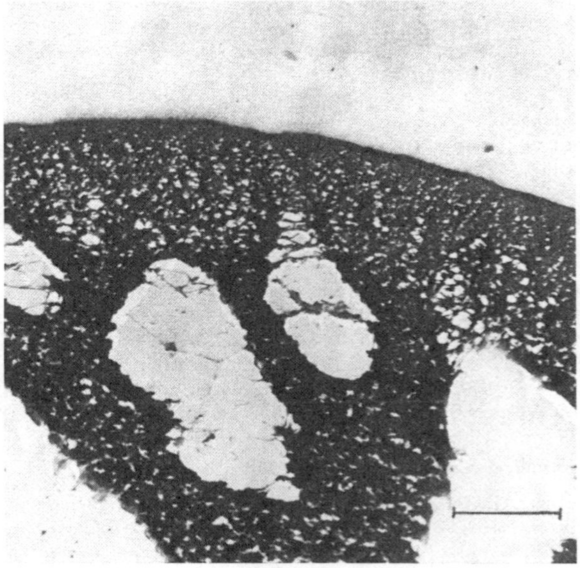

Bild 4. Copolymerisatfaden

da hier die Differenzmessung erhebliche Fehlerquellen in sich birgt.

b) Mit steigendem Farbstoffangebot nimmt die Farbstoffaufnahme zu — besonders bei den Langzeit-Färbungen. Außerdem ergibt sich ein für die Berechnung der Diffusionskoeffizienten wichtiger Sachverhalt: Setzt man bei Kurzzeit-Färbungen etwa 500 ml Farbstoff-Lösung ein, so verbleiben — bei der zugrunde liegenden Fasermenge — ca. 95% des ursprünglich vorhandenen Farbstoffs in der Flotte. Wir können also hier näherungsweise bereits von „unendlichen" Bädern sprechen. Bei Langzeit-(Gleichgewichts-)Färbungen sind für diesen Fall wenigstens 5000 ml Farbstoff-Lösung erforderlich.

2.3. *Trübungstitration*

100 ml einer 1%igen Polymerisat-Lösung wurden bei 20 °C mit dem Fällmittel unter ständigem intensivem Rühren bis zur beginnenden Trübung titriert. Wie sich zeigte, führt dabei

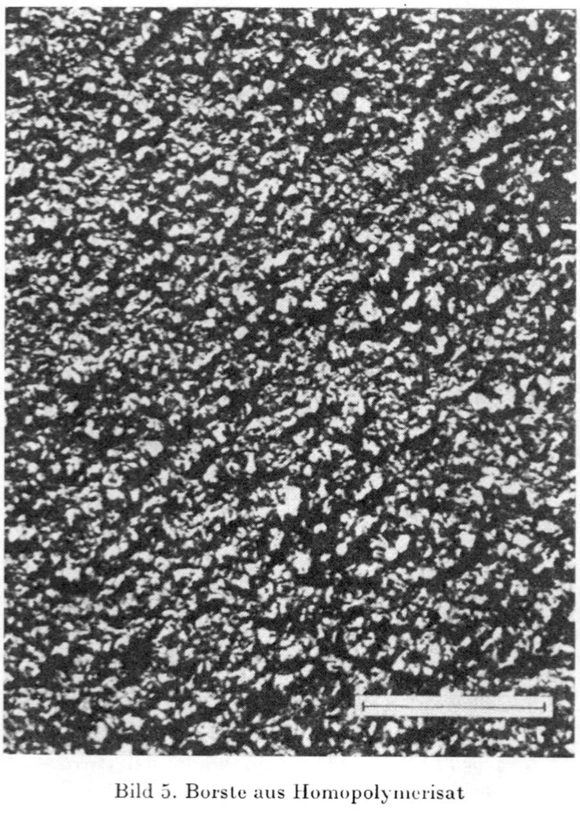

Bild 5. Borste aus Homopolymerisat

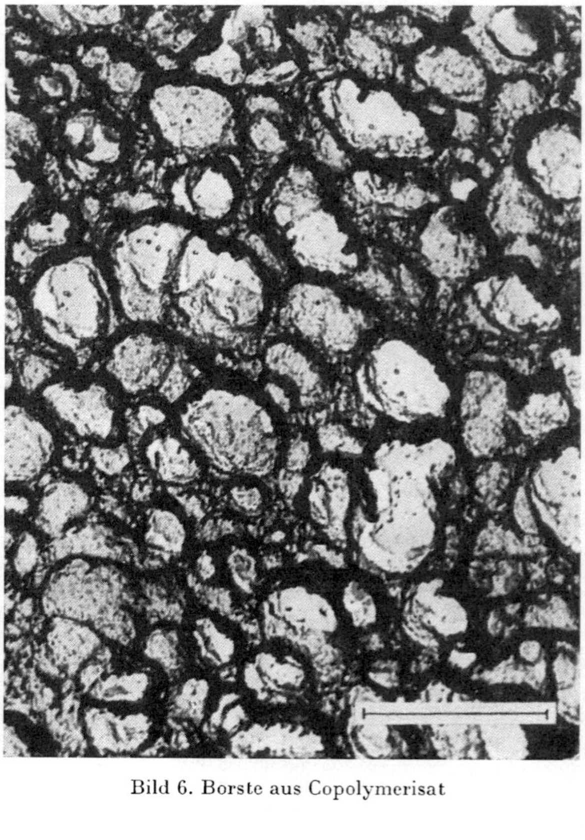

Bild 6. Borste aus Copolymerisat

Bild 7. Gefrierätzung von Wasser

die visuelle Beobachtung zu den am besten reproduzierbaren Werten (±1%). Bei dieser Versuchsmethodik sind naturgemäß keine Aussagen über die Stabilität der Gemische, die vor der einsetzenden Trübung entstehen, hinsichtlich Gelierung oder auch Trübung zu machen.

3. *Ergebnisse und Diskussion*

3.1. *Elektronenmikroskopische Querschnittsgestalt von Fäden aus Homo- und Copolymerisaten*

In den Bildern 3 bis 10 sind die Querschnitte fadenförmiger Gebilde wiedergegeben, die aus 18%igen Spinnlösungen der Polymerisate R 2836 bzw. M 11 W entstanden waren.

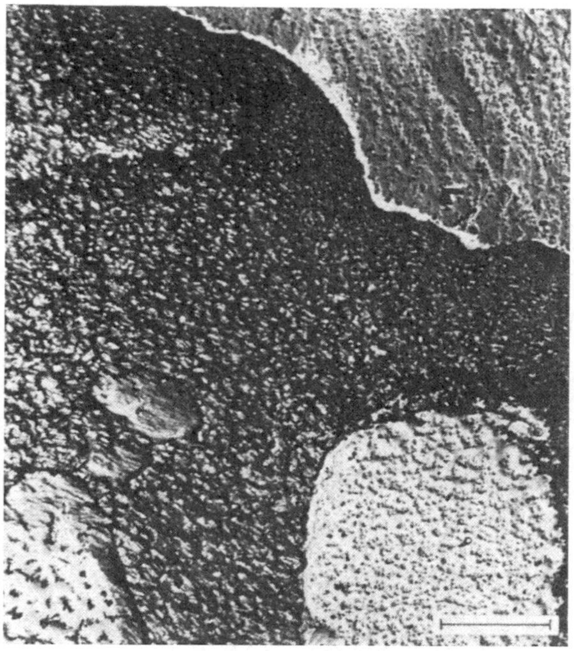

Bild 8. Borste aus Copolymerisat, Randzone

Die Lösungen wurden auf der Technikum-Spinnapparatur unter folgenden Spinnbedingungen zu dünnen Fäden gesponnen:

Förderung:	6,80 g/min,
Düse:	120 · 0,09 mm,
Abzug:	5,00 m/min.

Diese Fäden wurden nach 24 h Wässern für die elektronenmikroskopischen Studien durch Einbetten und Schneiden präpariert (Bilder 3 und 4).

Außerdem verarbeiteten wir die Lösungen auf der Modell-Spinnapparatur zu dicken Borsten. Dabei wählten wir folgende Spinnparameter:

Förderung:	6,84 g/min,
Düse:	1 · 1,15 mm,
Abzug:	5,20 m/min.

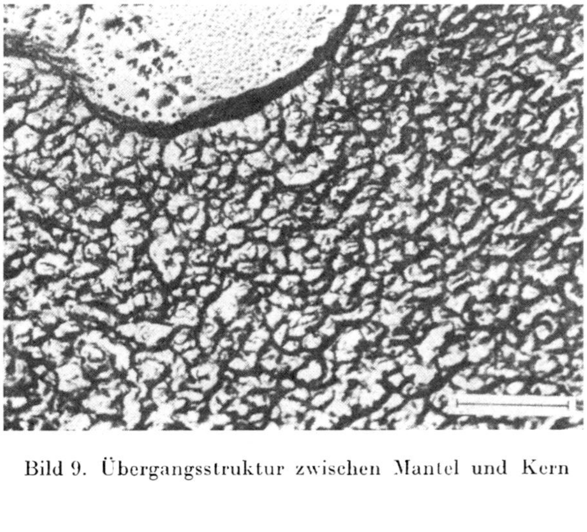

Bild 9. Übergangsstruktur zwischen Mantel und Kern

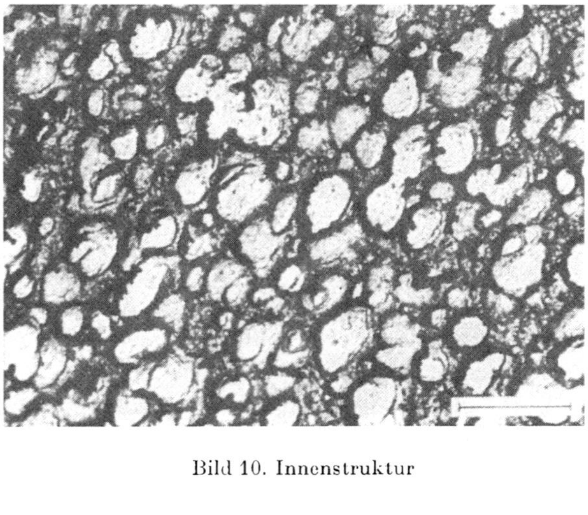

Bild 10. Innenstruktur

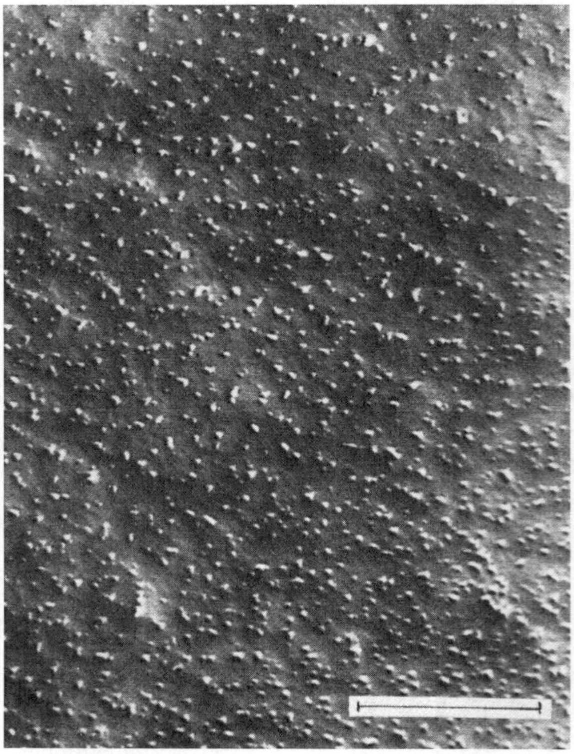

Bild 11. Borste aus Homopolymerisat, 1 h in Wasser bei 80 °C nachbehandelt

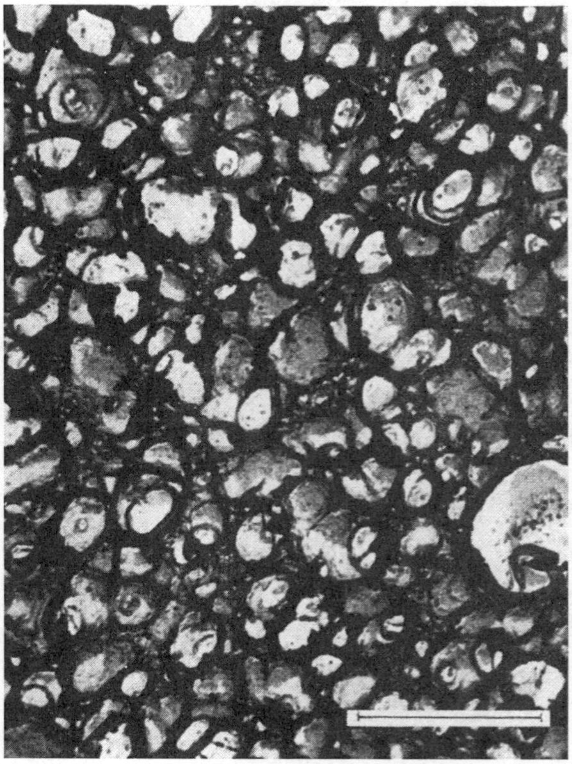

Bild 12. Borste aus Copolymerisat, 1 h in Wasser bei 80 °C nachbehandelt

Diese Produkte wurden nach vollständigem Wasseraustausch nach der Methode der Gefrierätzung für die Untersuchung im Elektronenmikroskop vorbereitet (Bilder 5 bis 10).

Die Querschnitte der Homopolymerisatfäden offenbaren die bereits früher [5] diskutierte Struktur: Membran, radial angeordnete Vakuolen und feinmaschiges Polymernetzwerk. Wie sich nun zeigt, werden die Copolymerisatfäden zwar auch von einer Membran gleicher Beschaffenheit nach außen begrenzt und enthalten die typischen Hohlräume (Bilder 3 und 4) — im Inneren sieht jedoch das Polymergefüge wesentlich anders aus: Große, kugelförmige Struktureinheiten haben sich gebildet, die allem Anschein nach in sich abgeschlossen sind, so daß die flüssige Mischphase nicht mehr kohärent vorliegt (Bilder 5 bis 10).

Behandelt man die Gelborsten mit 80 °C heißem Wasser, so verändert sich ihre Struktur: Das Polymergefüge wird kompakter (Bilder 11 und 12).

Wir haben außer den beiden zitierten Polymerisaten weitere Homo- und Copolymerisate der entsprechenden Zusammensetzung geprüft; die Fäden wiesen ebenfalls jene Morphologien auf.

3.2. *Vergleich des Farbstoffaufnahmevermögens von Fäden aus Homo- und Copolymerisaten*

Färben in „unendlichen" Bädern

Die in 3.1 definierten Lösungen sowie die Lösungen der Polymerisate R 201 und M 10 wurden auf der Modell-Spinnapparatur unter folgenden Bedingungen zu Fäden gesponnen:

Förderung:	6,84 g/min,
Düse:	10 · 0,20 mm,
Abzug:	8,16 m/min.

Die Gelfäden wurden anschließend 24 h und außerdem 7 Tage in reinem Wasser aufbewahrt.

Für die Messung des Farbstoffaufnahmevermögens setzten wir jeweils Fadenproben ein, deren Trockengewicht 0,65 g betrug.

Wie wir feststellten, verläuft die Farbstoffaufnahme der Fäden am Anfang (bis etwa 60 s Färbedauer) proportional der Wurzel aus der Färbezeit. In diesem Bereich genügt also *ein* — gesicherter — Meßpunkt zur Charakterisierung der Anfangs-Aufziehgeschwindigkeit. Wir wählten 30 s. Für diese Färbezeit verwendeten wir in dieser Versuchsreihe 500 ml Farbstoff-Lösung, für 20 h hingegen (Gleichgewichtsfärbung) 5000 ml.

Nach der Färbung wurde der Farbstoff mit 20 bzw. 200 ml DMF, das pro 100 ml 0,5 g Oxalsäure enthielt, wie früher angegeben von der Faser abgelöst und bestimmt. Wir erhielten die in Tabelle 4 angegebenen Werte.

Nach der bekannten Beziehung von *Crank* [15] lassen sich die *D*-Werte der Farbstoff-Diffusion berechnen (vgl. aber hierzu [16]). Sie sind bereits in der Tabelle 4 enthalten. Wie man sieht, unterscheiden sich die *D*-Werte bei Einsatz der beiden Homopolymerisate nicht. Mit zunehmendem Methylacrylatgehalt der Polymerisate erhöht sich hingegen der *D*-Wert erheblich.

Tabelle 4. Färbung von Fäden aus Homo- und Copolymerisaten in „unendlichen" Bädern

	Homopolymerisate			Copolymerisate			
Bezeichnung	R 2836		R 201	M 10		M 11 W	
%-Gehalt der Spinnlösung	18,1		18,3	18,1		17,9	
Lagerung in Wasser	24 h	7 d	24 h	24 h	7 d	24 h	7 d
Farbstoffaufnahme in g nach 30 s	0,00161	0,00148	0,00161	0,00144	0,00145	0,00143	0,00135
20 h	0,01610	0,01364	0,01632	0,00693	0,00636	0,00482	0,00459
Fadendurchmesser in mm	0,2632	0,2585	0,2643	0,2606		0,2628	
$D \cdot 10^8$ [cm^2s^{-1}]	1,13	1,29	1,11	4,80	5,78	9,95	9,78

Aufschlußreich ist weiterhin die Größenordnung der D-Werte: 10^{-8} bis 10^{-7} $cm^2 s^{-1}$. Sie zeigt an, daß bei der Gelfärbung der die Geschwindigkeit bestimmende Vorgang die Diffusion einer Flüssigkeit in einen Feststoff ist. Physikalisch liegt somit ein anderer Mechanismus zugrunde als bei der Diffusion von Fällmittel in einen sich bildenden Faden, wo D-Werte in der Größenordnung 10^{-6} $cm^2 s^{-1}$ gefunden wurden [17].

Um die Anfangsgeschwindigkeit der Farbstoffaufnahme — gekennzeichnet durch die 30 s-Werte — vergleichen zu können, müssen wir die Zahl der Säureäquivalente pro Gramm Faser berücksichtigen. Für die Fasern aus den Polymerisaten R 2836 und M 11 W ergaben sich Werte von 50,8 bzw. $59,4 \cdot 10^{-6}$. Damit errechnet man für die 24 h gewässerten Fäden Vergleichszahlen von 3,2 bzw. 2,4, für die sieben Tage in Wasser gelagerten Fäden Werte von 2,9 bzw. 2,3. Das bedeutet also, daß innerhalb der ersten 30 s beide Fasertypen *annähernd gleich schnell* Farbstoff aufnehmen.

Die großen Unterschiede in den Gleichgewichtswerten, d. h. in der Farbstoffaufnahme nach 20 h Färbedauer, bleiben jedoch auch bei dieser Kalkulation bestehen: Die entsprechenden Zahlen für die Homo- und Copolymerisatfäden nach 24 h Wässern lauten 31,7 bzw. 8,1; nach sieben Tagen sind es 26,9 bzw. 7,7. Die Homopolymerisatfäden nehmen somit *drei- bis viermal soviel* Farbstoff auf.

Die Gründe für diese beiden Befunde lassen sich anhand der im vorigen Abschnitt gezeigten EM-Aufnahmen der Fadenquerschnitte finden:

Wie jene Bilder bewiesen, sind die Randzonen der hier zur Diskussion stehenden Homo- und Copolymerisatfäden strukturell gleichermaßen aufgebaut. Somit wird erklärlich, daß beide Faserarten hinsichtlich der Anfangsgeschwindigkeit der Farbstoffaufnahme sich nicht prinzipiell unterscheiden. Die Methylacrylat-Copolymerisat-Fäden besitzen jedoch als Folge ihrer kugelförmigen Innenstruktur eine kleinere spezifische innere Oberfläche. Da auf diese Copolymerisatfäden im Gleichgewicht wesentlich weniger Farbstoff aufgezogen ist, müssen wir nun schlußfolgern — und können damit den oben dargelegten Sachverhalt erklären — daß die Farbstoffaufnahme an diesen frei zugänglichen, inneren Oberflächen stattfindet.

Färben in „endlichen" Bädern

In folgenden Versuchen, bei denen „endliche" Färbebäder (100 ml) eingesetzt wurden, sollte geklärt werden, ob und inwieweit eine Lagerung der Gelfäden in verschieden temperiertem Wasser das Farbstoffaufnahmevermögen beeinflußt. Um dabei die Informationen über die während dieser Nachbehandlung ablaufenden Vorgänge zu erweitern, ermittelten wir außer der Farbstoffaufnahme zu Beginn (0 bis 120 s) und nach 20 h Färbedauer zugleich noch den DMF-Gehalt der Gelfäden sowie ihren Quellwert.

Die Fäden wurden auf der Modell-Spinnapparatur aus 18%igen Spinnlösungen verschiedener Polymerisate wie folgt ersponnen:

Homopolymerisate		Methylacrylat-Copolymerisate	
R 2836	R 6350	Pt 511a	HG 16A/3M
17,9%	17,9%	17,7%	18,2%

Förderung: 7,20 g/min,
Düse: $10 \cdot 0{,}20$ mm,
Abzug: 9,42 m/min.

Die zum Färben bestimmten Fadenproben enthielten jeweils 0,65 g Polymeres. Ihr Gehalt an sauren Gruppen pro Gramm Faser betrug:

R 2836: $50{,}8 \cdot 10^{-6}$ g,
R 6350: $46{,}7 \cdot 10^{-6}$ g,
HG 16A/3M: $42{,}4 \cdot 10^{-6}$ g,
Pt 511a: $55{,}0 \cdot 10^{-6}$ g.

Im folgenden werden die Ergebnisse dreier Versuchsreihen dargelegt:

a) Variation der Nachbehandlungszeit bei 20°C.
b) Variation der Temperatur bei 24 h Nachbehandlung.
c) Variation der Nachbehandlungszeit bei 80°C.

Bei den Serien b) und c) legten wir die Gelfäden, nachdem sie das Fällbad verlassen hatten, zunächst noch 10 min in Wasser, das auf 20°C temperiert war; auf diese Weise wurde vor der eigentlichen Nachbehandlung der größte Teil des DMF aus dem Faden entfernt.

Die Resultate sind in den Tabellen 5 bis 7 zusammengefaßt. Dabei haben wir die Werte in jeder Rubrik wie folgt gegliedert:

Farbstoffaufnahme in den ersten 30 s	Farbstoffaufnahme nach 20 h ($FA_{20\,h}$)	$\frac{FA_{20\,h}}{\text{sr. Äqu.}}$	DMF-Gehalt	Quellwert (Q)	$\frac{FA_{20\,h} \cdot 10^5}{Q}$
$\cdot 10^5$ [g]	$\cdot 10^5$ [g]		[mg]	[%]	

Aus der Tabelle 5 geht bei einer Gegenüberstellung der Werte, die an Homopolymerisat- und Copolymerisatfäden gemessen wurden, hervor:

a_1) Copolymerisatfäden enthalten unmittelbar nach dem Spinnen wesentlich mehr DMF. Man kann diese verzögerte DMF-Diffusion auf die globuläre innere Struktur zurückführen: Im Abschnitt 3.1 wurde gefolgert, daß die flüssige Mischphase in solchen Methylacrylat-Copolymerisat-Fäden nicht mehr kohärent vorliegt.

a_2) Auch beim Färben in „endlichen" Bädern nehmen die Copolymerisatfäden weniger Farbstoff im Gleichgewicht auf; allerdings ergeben sich — auf Grund des geringeren Farbstoffangebotes — kleinere Differenzen.

a_3) Die Quellwerte der Gelfäden nehmen mit der Nachbehandlungszeit ab; bei gleicher Lagerungsdauer unterscheiden sie sich nicht. Bei einem genauen Vergleich muß man berücksichtigen, daß — wie wir in getrennten Versuchsreihen feststellten — eine Verringerung der Spinnlösungskonzentration um 0,1% mit einer Erhöhung des Q-Wertes von 3 bis 4% verbunden ist.

Tabelle 5. Variation der Nachbehandlungszeit bei 20 °C

	R 2836	R 6350	Pt 511 a	HG 16 A/3 M
sofort	190 874 171,9 258 424 2,06	173 857 183,4 205 410 2,09	175 830 150,9 447 411 2,02	158 430 101,3 769 395 1,09
10 min	178 875 172,1 10 398 2,20	147 845 180,9 14 379 2,23	163 823 149,6 15 392 2,10	148 453 106,7 25 369 1,23
1 h	168 876 172,3 10 390 2,25	140 835 178,7 15 379 2,20	145 823 149,6 12 385 2,14	139 440 103,7 10 364 1,21
24 h	154 844 166,0 6 380 2,22	137 813 174,0 8 366 2,22	153 775 140,9 9 376 2,06	110 430 101,3 9 355 1,21
96 h	148 825 162,2 4 376 2,19	137 790 169,1 4 368 2,15	145 738 134,2 9 367 2,01	122 428 100,9 4 350 1,22
168 h	150 813 159,9 4 379 2,15		145 723 131,5 6 372 1,94	123 400 94,2 5 361 1,11
4 Monate	152 753 148,1 355 2,12			

a_4) Die Quotienten aus den Gleichgewichtswerten des Farbstoffaufnahmevermögens und dem Quellwert fallen bei den Copolymerisatfäden mit hohem Methylacrylat-Gehalt fast auf die Hälfte ab. Das bedeutet, daß — im Einklang mit den oben dargelegten Vorstellungen — diese Fäden einen hohen Anteil Quellflüssigkeit enthalten, der beim Färben keinen Effekt ausübt (Flüssigkeit im Innern der kugelförmigen Strukturgebilde).

In der Tabelle 6 haben wir die Werte für den DMF-Gehalt der Fäden weggelassen; sie lagen in allen Fällen unter 10 mg. Folgende Zusammenhänge sind zu erkennen:

b_1) Mit steigender Temperatur des zur Nachbehandlung verwendeten Wassers erniedrigt sich das Farbstoffaufnahmevermögen aller Fäden zu Beginn und im Gleichgewicht. Dieser Befund kann zwanglos als Folge der zunehmenden Kompaktheit der Strukturelemente (s. Bild 11 und 12) gedeutet werden. Dabei fällt auf, daß die Abnahme bei den Copolymerisatfäden mit hohem Methylacrylatgehalt vergleichsweise nur wenig ausgeprägt ist:

	$\frac{FA_T^{20h}}{FA_{20°C}^{20h}} \cdot 100$				
Temperatur:	20 °C	25 °C	30 °C	50 °C	80 °C
R 2836	100,0	93,6	88,8	71,1	60,3
R 6350	100,0		86,0	70,4	53,0
Pt 511 a	100,0	93,5	82,3	63,0	54,8
HG 16 A/3 M	100,0	97,7	86,7	86,7	81,4

So kommt es schließlich bei 80 °C zu einer gewissen Annäherung der absoluten 20 h-Werte. Es ist nun denkbar, daß bei Wahl noch höherer Nachbehandlungstemperaturen jene Copolymerisatfäden im Gleichgewicht sogar mehr Farbstoff aufnehmen als die Homopolymerisatfäden.

b_2) Die Quellwerte sinken ebenfalls stark ab. Auch hier zeigen die Fäden mit hohem Methylacrylat-Gehalt ein besonderes Verhalten: Sie entquellen prozentual (bezogen auf 20 °C-Wert) weniger:

	$\frac{Q_T}{Q_{20°C}} \cdot 100$				
Temperatur:	20 °C	25 °C	30 °C	50 °C	80 °C
R 2836	100,0	96,6	96,2	71,2	60,1
R 6350	100,0		92,1	82,9	63,0
Pt 511 a	100,0	97,1	91,0	84,0	65,4
HG 16 A/3 M	100,0	100,0	97,7	91,3	80,8

Offenbar ist die globuläre Struktur dieser Gelfäden stabiler und setzt einer Verdichtung einen größeren Widerstand entgegen.

b_3) Die auf die Quellwerteinheit bezogene Farbstoffaufnahme nach 20 h Färbedauer (FA^{20h}/Q) verändert sich trotz der großen Temperaturunterschiede bei gegebenem Polymerisat nicht eindeutig. Die unter b_1 gezeigte Abnahme der Anfärbbarkeit kann also im wesentlichen auf die Verringerung des Quellwertes zurückgeführt werden.

Die Tabelle 7 enthält die Daten in gleicher Reihenfolge wie die Tabelle 6. Der bemerkenswerteste Be-

Tabelle 6. Variation der Temperatur bei 24 h Nachbehandlung

	R 2836	R 6350	Pt 511 a	HG 16 A/3 M
20 °C	166 856 168,3 370 2,31	137 817 174,9 381 2,14	153 775 140,9 376 2,06	110 430 101,3 355 1,21
25 °C	168 802 157,7 358 2,24		151 723 131,5 365 1,98	135 420 99,0 355 1,18
30 °C	153 760 149,5 356 2,13	123 703 150,5 351 2,00	151 638 116,0 342 1,87	130 373 87,9 347 1,07
50 °C	150 609 119,8 264 2,31	123 575 123,1 316 1,82	148 488 88,7 316 1,54	139 373 87,9 324 1,15
80 °C	123 516 101,5 222 2,32	97 433 92,7 240 1,80	103 425 77,3 246 1,73	69 350 82,5 287 1,22

Tabelle 7. Variation der Nachbehandlungszeit bei 80 °C

	R 2836	R 6350	Pt 511 a	HG 16 A/3 M
ohne 80 °C, 10 min	178 875 172,1 398 2,20	147 845 180,9 379 2,23	163 823 149,6 392 2,10	148 453 106,7 369 1,23
10 s	148 597 117,4 266 2,25	120 533 114,1 267 2,00	143 488 88,7 295 1,65	123 377 88,8 312 1,21
30 s	146 593 116,6 260 2,28	120 537 114,9 274 1,96	135 508 92,4 273 1,86	122 373 87,9 313 1,19
1 min	140 593 116,6 256 2,32	120 537 114,9 274 1,96	135 488 88,7 275 1,77	122 377 88,8 304 1,24
30 min	128 541 106,4 228 2,37	112 480 102,7 248 1,94	139 453 82,4 268 1,69	95 355 83,6 294 1,21
1 h	128 534 105,0 230 2,33	112 463 99,1 249 1,86	137 450 81,8 262 1,72	95 355 83,6 297 1,20
4 h	123 516 101,5 222 2,32	97 433 92,7 240 1,80	103 425 77,3 246 1,73	69 350 82,5 287 1,22

fund ist der enorme Einfluß einer schon sehr kurzzeitigen Heißwasserbehandlung auf die Farbstoffaufnahme und den Quellwert der Fäden: Homopolymerisatfäden verlieren bereits bei einer 10 s währenden Einwirkung 80 °C heißen Wassers mehr von ihrem Farbstoffaufnahmevermögen — sowohl was die Anfangs-Aufziehgeschwindigkeit als auch den Endwert betrifft — als in den folgenden 24 h. Kurzzeitige lokale Überhitzungen der Gelfäden beim technischen Spinnprozeß werden also zu beträchtlichen Abstufungen beim Färben führen:

	$\frac{FA^{30s}_{t,\,80°C}}{FA^{30s}_{10min,\,20°C}} \cdot 100$				
	20 °C	80 °C			
	10 min	10 s	10 min	30 min	24 h
R 2836	100,0	83,1	73,6	71,9	69,1
R 6350	100,0	81,6		76,2	66,0
Pt 511 a	100,0	87,7	82,8	85,3	63,2
HG 16 A/3 M	100,0	83,1	81,1	64,2	46,6

3.3. *Trübungstitrationen*

Das Bild 13 enthält die Ergebnisse von Trübungstitrationen der Lösungen verschiedener Acrylnitril-Copolymerisate. Als Fällmittel wurden dabei Wasser und DMF/Wasser-Mischungen verwendet.

Die Resultate beweisen, daß mit steigendem Estergehalt der Polymerisate mehr Fällmittel bis zur Trübung verbraucht wird. Daraus sollte man schließen, daß diese Copolymeren „besser" gelöst sind. Die Verbesserung gegenüber Homopolymerisaten tritt allerdings erst bei einem Estergehalt > 3% auf.

Wenn man nun voraussetzt, daß eine Korrelation zwischen Fällmittelverbrauch und Koagulationsgeschwindigkeit besteht, so läßt sich die These, daß bei der Fadenbildung eine langsame Ausfällung *generell* mit einer Homogenisierung der Polymerstruktur verbunden ist, nicht aufrechterhalten. Offensichtlich spielt bei Einsatz wäßriger Fällmedien die Hydrophilie des Makromoleküls eine wesentliche Rolle, und auch die bei Copolymerisaten unterschiedliche Segmentbeweglichkeit ist zu berücksichtigen.

4. *Zusammenfassung*

Homo- und Copolymerisate des Acrylnitrils mit Methylacrylat als Cokomponente wurden in Dimethylformamid gelöst und in Wasser zu Fäden verformt. Von diesen unverstreckten Gelfäden wurde die elektronenmikroskopisch sichtbare Querschnittsgestalt bestimmt, wobei erstmals auch

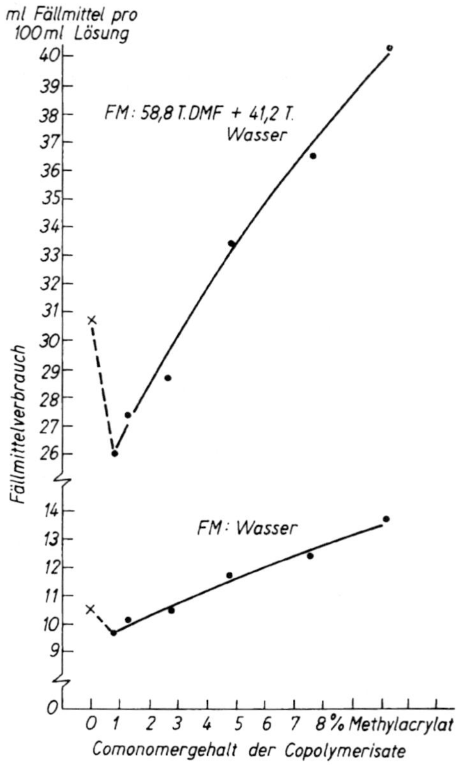

Bild 13. Trübungstitrationen verschiedener Acrylnitrilpolymerisat-Lösungen

die Präparationsmethode der Gefrierätzung angewandt wurde. Zur weiteren Charakterisierung der Struktur der Fäden diente deren Farbstoffaufnahmevermögen (Malachitgrün) — die Versuchsmethodik wird eingehend beschrieben —, außerdem wurden die Quellwerte ermittelt.

Wie die EM-Aufnahmen beweisen, liegt im Innern der Copolymerisatfäden, wenn sie ca. 8% Methylacrylat enthalten, das Polymergefüge in Form großer, kugelartiger Struktureinheiten vor, während die Homopolymerisatfäden an diesen Stellen ein feinmaschiges Netzwerk enthalten. Bei einer Heißwassernachbehandlung wird die Struktur kompakter.

Die Ergebnisse der Messungen des Farbstoffaufnahmevermögens lassen sich nach Kenntnis dieses Sachverhaltes zwanglos deuten: Homo- und Copolymerisatfäden nehmen zwar zu Beginn des Färbevorganges mit nicht sehr differenzierter Geschwindigkeit den Farbstoff auf — die Gleichgewichtswerte (nach 20 h Färbedauer) unterscheiden sich jedoch wesentlich. Eine Nachbehandlung der Gelfäden mit Wasser führt in Abhängigkeit von Zeit und Temperatur zu einer Variation des Farbstoffaufnahmevermögens und der Quellwerte, wobei das Ausmaß dieser Veränderungen je nach Polymertyp verschieden sein kann. Die Ursachen hierfür werden diskutiert.

Wir danken Herrn Dr. *R. Schiffner* für anregende Diskussionen zu Fragen der Anfärbbarkeit.

Literatur

[1] *Takeda, H., Nukushina, Y.*, und *Kato, K.:* Studies on acrylic fiber — The effects of copolymerization components on the internal structure of coagulated filaments. Kogyo Kagaku Zasshi (J. chem. Soc. Japan, ind. Chem. Section) **67** (1964) S. 1670—1675.

[2] *Gröbe, V., Heyer, H.-J.*, und *Fark, H.:* Beschreibung einer Modell-Naßspinnapparatur. Faserforsch. u. Textiltechnik **17** (1966) 2, S. 78—80.

[3] *Gröbe, V.*, und *Zibell, W.:* Laborapparatur zum Naßspinnen und Verstrecken von Synthesefäden. Faserforsch. u. Textiltechnik **19** (1968) 3, S. 133—136.

[4] *Gröbe, V.*, und *Gieseke, R.:* Einfluß des pH-Wertes wäßriger Fällbäder auf die Eigenschaften naßgesponnener Polyacrylnitrilfäden. Faserforsch. u. Textiltechnik **20** (1969) 1, S. 30—41.

[5] *Gröbe, V., Mann, G.*, und *Duwe, G.:* Ausbildung von Strukturen bei der Koagulation von Polyacrylnitril-Lösungen. Faserforsch. u. Textiltechnik **17** (1966) 4, S. 142—147.

[6] *Geller, A. A.*, und *Pakšver, A. B.:* Untersuchungen des Färbeprozesses der Polyacrylnitrilfaser. Chim. Volokna (Chem. Fasern) **1** (1959) 6, S. 15—17.

[7] *Mizutani, K.*, und *Suzuki, S.:* Dyeability of polyacrylic fibres. Kogyo Kagaku Zasshi (J. chem. Soc. Japan, ind. Chem. Section) **65** (1962) S. 267—269.

[8] *Bodor, G., Holly, Z.*, und *Kalló, A.:* Die Herstellung gut anfärbbarer mikrokristalliner Fasern. Abh. dt. Akad. Wiss. Berlin, Kl. Chemie, Geologie, Biologie (1963) 1, S. 365—376.

[9] *Takaoka, A.*, und *Fuijsawa, N.:* Dyeing properties of acrylic fibres. 5. Effects of thermal treatments of acrylic fibre on levelness of dyeing. Sen-i Gakkaishi (J. Soc. Fiber Sci. Technol., Japan) **20** (1964) 10, S. 671—683.

[10] *Tagaki, Y.*, und *Hattori, H.:* Studies on the drawing of polyamide fibers. III. Change of dye-diffusion behavior into polyamide fibers with drawing. J. appl. Polymer Sci. **9** (1965) S. 2167—2176.

[11] *Roth, W.*, und *Hannes, E.:* Wirkung der Herstellungs- und Verarbeitungsbedingungen auf die Farbstoffaufnahme von Polyamidseide. I. Einflüsse bei der Herstellung. II. Einflüsse bei der Verarbeitung. Faserforsch. u. Textiltechnik **18** (1967) 6, S. 278—282; 7, S. 321—327.

[12] *Wellisch, E., Gupta, M. K., Marker, L.*, und *Sweeting, O. J.:* Fine structure of regenerated cellulose films as revealed by dye accessibility. J. appl. Polymer Sci. **9** (1965) S. 2591—2606.

[13] *Weisz, P. B.*, und *Zollinger, H.:* Die tiefere Bedeutung des Diffusionskoeffizienten bei Färbevorgängen. Melliand Textilber. **48** (1967) 1, S. 70—75.

[14] *Rosenbaum, S.:* Dyeing of polyacrylonitrile fibers. Part II: Experimental methods and dyeing rate with cationic and anionic dye. Textile Res. J. **34** (1964) S. 52—60.

[15] *Crank, J.:* The diffusion of direct dyes into cellulose. III. The present state of the theory and its practical implications. J. Soc. Dyers Colourists **66** (1950) 7, S. 366—374.

[16] *Crank, J.:* The mathematics of diffusion. Oxford: Clarendon Press, 1956; Chapter VIII: Simultaneous diffusion and chemical reaction.

[17] *Gröbe, V.*, und *Heyer, H.-J.:* Untersuchungen der Diffusion beim Naßspinnen von Polyacrylnitrilfasern. 3. Mitt.: Ergebnisse bei Einsatz wäßriger Fällbäder. Faserforsch. u. Textiltechnik **19** (1968) 7, S. 313—318.

Eingegangen am 27. Januar 1969

Die übermolekulare Struktur hochpolymerer Verbindungen

Teil VII: Röntgendiffraktometrische Bestimmung eines absoluten Kristallinitätsgrades an Polypropylen mittels eines Fourierverfahrens[1])

Michael Teichgräber und Bernhard Schilling

Deutsche Akademie der Wissenschaften zu Berlin, Institut für Faserstoff-Forschung in Teltow-Seehof

Herrn Prof. Dr. Hermann Klare zur Vollendung des 60. Lebensjahres gewidmet

DK 678.742.3:539.26:548.735.44:546.217:535.3

Nachfolgend wird über die röntgenographische Bestimmung eines absoluten Kristallinitätsgrades an zwei ausgewählten Polypropylensubstanzen berichtet. Nachdem in den vorangegangenen Arbeiten Teil I bis V zunächst ein Fourierverfahren zur quantitativen Analyse von Röntgenstreukurven abgeleitet wurde, stellt die vorliegende Arbeit zusammen mit dem Teil VI eine erste experimentelle Anwendung dieses Verfahrens dar.
Die hier bestimmten Kristallinitätsgrade werden mit den Werten verglichen, die man unter Verwendung bekannter und üblicher Verfahren erhält. Dabei wird auf den möglichen Einfluß der Luftstreuung eingegangen. Zur Charakterisierung der Genauigkeit des Fourierverfahrens wird ein "Discrepancy Factor" R eingeführt.

Надмолекулярная структура высокополимеров
Часть VII: Рентгендифрактометрическое определение абсолютной степени кристалличности полипропилена при помощи одного метода Фурье
Проведено рентгенографическое определение абсолютной степени кристалличности двух избранных образцов полипропилена. После того, как в частях I—V был выведен один метод Фурье для количественного анализа диффрактограмм в данной работе и в части VI этот метод был впервые применен экспериментально.
Определенные при помощи этого метода величины степени кристалличности сравнены с таковыми, получаемыми при применении общепринятых методов, причем затронут и вопрос о возможном влиянии рассеивания воздухом. Для характеристики точности описанного метода введен фактор расходимости R (Discrepancy Factor).

The Supermolecular Structure of Polymers. Part VII. X-ray Diffraction of Polypropylene as Related to an Absolute Degree of Crystallinity by a Fourier Method
The Fourier method presented in part I to V for the quantitative analysis of X-ray diffraction curves has been applied, in the foregoing and present paper, to determine an absolute degree of crystallinity of two selected polypropylene samples. The results are compared with those obtained by current methods, considering possible disturbance by scattering by air. A discrepancy factor R is introduced to estimate the accuracy of the Fourier method.

1. *Einleitung*

Die vorliegende Untersuchung befaßt sich mit der experimentellen Bestimmung eines absoluten Kristallinitätsgrades an zwei Polypropylensubstanzen unterschiedlicher Herkunft. Diese Bestimmung erfolgt mittels eines Fourierverfahrens, das in den der vorliegenden Arbeit vorangegangenen Teilen I bis V [1] ausführlich beschrieben worden ist.

Bei den untersuchten Substanzen handelt es sich um das gleiche Probenmaterial, für das bereits im Teil VI [1] eine Analyse der Änderungen der Linienbreite im Röntgendiffraktogramm als Funktion der Tempertemperatur durchgeführt worden ist. Die experimentelle Aufnahmetechnik sowie die vollständigen Tabellen der Fourierkoeffizienten für die hier auszuwertenden Streukurven sind in diesem Teil VI dargestellt worden und dort nachzuschlagen[1]).

Im Folgenden wird zunächst eine Bestimmung des absoluten Kristallinitätsgrades durchgeführt (definiert als das Verhältnis der Masse der geordneten Phase zur Masse des gesamten Polymeren) und anschließend auf analytischem Wege der Verlauf der amorphen Streukurve berechnet. Dabei ist insbesondere auf das Problem der Korrektur der Luftstreuung einzugehen. Darüber hinaus wird die Einführung eines „R-Wertes" diskutiert als einer anschaulich erklärten Maßzahl für die zu erwartende Zuverlässigkeit und Genauigkeit der mit dem Fourierverfahren gewonnenen Analysenergebnisse.

[1]) Teil VI s. [1].

2. *Bestimmung des Kristallinitätsgrades*

2.1. *Auswahl der Proben*

Eine Bestimmung des Kristallinitätsgrades auf der Grundlage des zitierten Fourierverfahrens ist bekanntlich nur dann möglich, wenn zwei Vergleichsproben des gleichen Polymeren vorliegen, die einen *unterschiedlichen* Kristallinitätsgrad aufweisen. Für die in Teil VI kombinierten Streukurven innerhalb der beiden dort diskutierten Temperserien ist diese wesentliche Voraussetzung jedoch in keinem Fall erfüllt, denn beide Polypropylensubstanzen ändern ihren Kristallinitätsgrad während der Temperung nicht (vgl. die Bilder 3a und 3b in Teil VI). In dieser Situation liegt es nahe, zwei Streukurven jeweils unterschiedlichen Ausgangsmaterials zu kombinieren; denn dem Augenschein nach besitzt die „Ind.-Substanz"[2]) einen wesentlich höheren Kristallinitätsgrad als die „Labor-Substanz". Konstruiert man das Φ_1/ν-Diagramm (s. Teil VI), so findet man diese Vermutung tatsächlich bestätigt — vgl. Bild 1. Man erhält nämlich in jedem Falle, wie die beiden willkürlich herausgegriffenen Kombinationen zeigen, eine Schar paralleler Geraden mit einem von Null verschiedenen Neigungswinkel. Das bedeutet nach den Ausführungen in Teil VI (Abschnitt 3.4), daß die relativen Kristallinitätsgrade β und β' der jeweils kombinierten Streukurven tatsächlich voneinander verschieden sind ($k_1 = \beta/\beta' \neq 1$).

Für die weitere Auswertung wurde aus Gründen der Zweckmäßigkeit die Kombination der Streukurven H und D

[2]) Bezüglich Herkunft und Bezeichnung von „Ind.-Substanz" und „Labor-Substanz" wird auf Teil VI verwiesen.

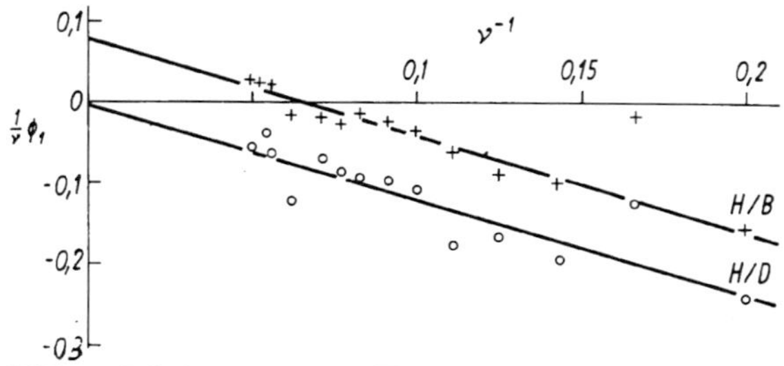

Bild 1. Φ_1/ν-Diagramm für zwei Kombinationen je einer Streukurve der Ind.- und der Labor-Substanz

ausgewählt: Zum einen weisen diese beiden Streukurven gegeneinander praktisch keine Linienverbreiterung auf, wie aus dem Nulldurchgang der Geraden H/D in Bild 1 abzulesen ist. Zum anderen ist von Bedeutung, daß die Proben H und D am höchsten getempert wurden (vgl. Tabelle 1 in Teil VI), dementsprechend die differenziertesten Streudiagramme besitzen und somit die am langsamsten konvergierenden Fourierkoeffizienten aufweisen. Diese Umstände erleichtern die Auswertung ganz wesentlich.

2.2. *Bestimmung der relativen Kristallinitätsgrade β und β'*

Die Bestimmung von β und β' erfolgt nach den Gleichungen (I. 16)[3]). Zuvor sind die hierzu benötigten Hilfsgrößen $k_1 = \beta/\beta'$ und $k_2 = (1 - \beta)/(1 - \beta')$ in getrennten Arbeitsgängen zu ermitteln.

Bestimmung von k_1: Die Größe von k_1 ergibt sich nach Teil VI, Abschnitt 3.4, unmittelbar aus dem Anstieg der H/D-Geraden in Bild 1 gemäß Gleichung (VI. 7)

$$-\ln k_1 = -\operatorname{tg}\omega = -1{,}16.$$

Die Berechnung der Hilfsfunktion Φ_1 erfolgt dabei nach der Formel (VI. 3). Man bestimmt damit aus Bild 1 den Wert $k_1 = 3{,}19$.

Bestimmung von k_2: Nach Gleichung (I. 18) gilt

$$k_2 = \frac{I(2\vartheta_1)}{I'(2\vartheta_1)}. \qquad \text{(I. 18)}$$

Für $2\vartheta_1$ ist dabei ein beliebiger, hinreichend kleiner Winkelwert einzusetzen, der allein der Forderung genügen muß, daß für $2\vartheta_1$ die kristalline Phase keinen Beitrag zur Gesamtstreuung liefert, d. h. daß $i_c(2\vartheta_1) = 0$ gilt.

Trägt man nach Gleichung (I. 18) k_2 als Funktion von 2ϑ auf, so erhält man theoretisch eine horizontal verlaufende Gerade für alle diejenigen Werte 2ϑ, für die die vorausgesetzte Annahme $i_c = 0$ erfüllt ist. Der mittlere Ordinatenwert der so gefundenen horizontalen Geraden gestattet eine genaue Bestimmung von k_2. Darüber hinaus ist es ohne weiteres möglich, aus dem horizontalen Verlauf von k_2 über 2ϑ zuverlässig denjenigen Winkelbereich angeben zu können, für den die Formel (I. 18) Gültigkeit hat.

In Bild 2a ist k_2 als Funktion von 2ϑ für die Kombination der Streukurve *D* der Ind.-Probe mit drei Streukurven aus der Temperserie der Labor-Probe aufgetragen worden. Entsprechend sind im Bild 2b die k_2-Werte für die Kombination der Streukurve *H* der Labor-Probe mit drei Streukurven aus der Temperserie der Ind.-Probe dargestellt worden. Man erhält jedesmal eine Schar waagerecht verlaufender Kurvenäste, die etwa ab $2\vartheta = 12$ bis $13°$ steil nach unten bzw. oben abknicken. (Die auftretenden Abweichungen vom horizontalen Kurvenverlauf liegen innerhalb der Meßgenauigkeit. Der Meßfehler nimmt nach kleinen Winkeln hin systematisch zu und ist vor allem durch Komplikationen bei der Kompensation der Bremsstrahlung durch das für die Monochromatisierung verwendete Filterdifferenzverfahren bedingt.) Im Einklang mit der bereits im Teil VI festgestellten Konstanz des Kristallinitätsgrades bestimmt man innerhalb einer Temperserie aus dem Bild 2a einheitlich den Wert $k_2 = 0{,}72$. Entsprechend folgt aus dem Bild 2b ein konstanter Wert von $1/k_2 = 1{,}39$, der innerhalb der Meßgenauigkeit mit dem aus Bild 2a bestimmten Wert von k_2 übereinstimmt.

Bestimmung von β und β': Die Werte von β und β' folgen unmittelbar aus den Definitionsgleichungen für k_1 bzw. k_2; und zwar gilt nach Gleichung (I. 16):

$$\beta = k_1 \frac{k_2 - 1}{k_2 - k_1} = 0{,}362,$$

$$\beta' = \frac{k_2 - 1}{k_2 - k_1} = 0{,}113.$$

[3]) Bei Zitaten von Gleichungen aus den dieser Arbeit vorangegangenen Teilen I bis VI wird der Gleichungsnummer die entsprechende römische Ziffer vorgesetzt. Gleichungsnummern, die sich auf den vorliegenden Teil VII beziehen, erhalten keine zusätzliche Kennzeichnung.

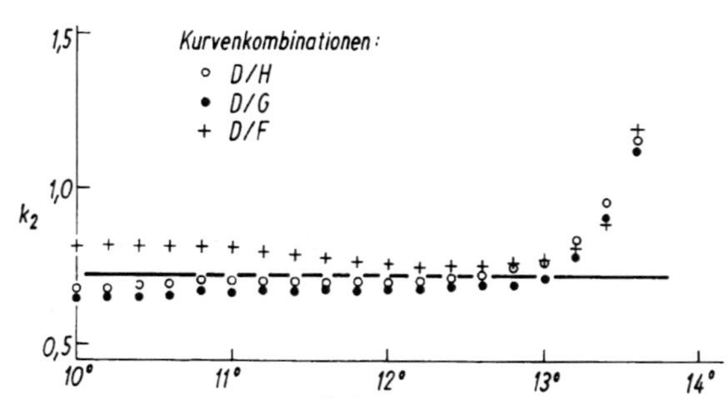

Bild 2a. k_2 als Funktion des Streuwinkels für die Kombinationen der Streukurve *D* der Ind.-Probe mit drei Streukurven aus der Temperserie der Labor-Probe

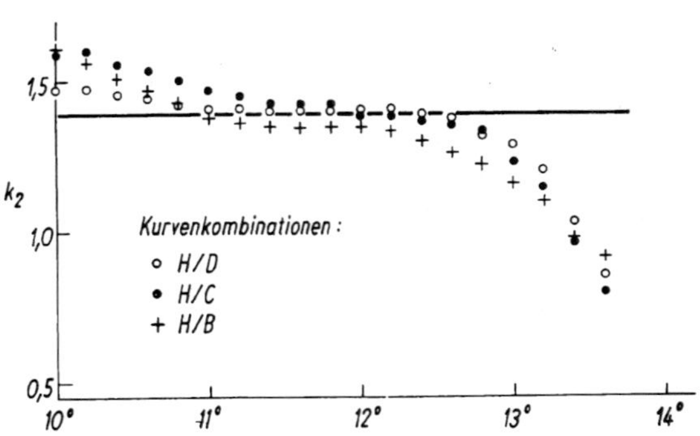

Bild 2b. k_2 als Funktion des Streuwinkels für die Kombinationen der Streukurve *H* der Labor-Probe mit drei Streukurven aus der Temperserie der Ind.-Probe

Anschaulich sind die hier berechneten β-Werte dem Flächenverhältnis aus kristallinem und gesamtem Streuanteil der jeweiligen Streukurve äquivalent. Somit stellen β und β' genähert ein quantitatives Maß für den Kristallinitätsgrad der Streukurven D (und damit der Ind.-Probe) bzw. der Streukurve H (und damit der Labor-Probe) dar.

2.3. *Einfluß der Luftstreuung*

Für eine korrekte Bestimmung der Parameter β und β' ist nach Teil I, Abschnitt 5.3, vor allem der Einfluß der Luftstreuung zu berücksichtigen. Im folgenden soll gezeigt werden, wie unter Verwendung der Originalstreukurven auf rechnerischem Wege eine angemessene Korrektur für die Luftstreuung durchgeführt werden kann. Schließlich soll der Einfluß dieser Korrektur auf die bereits bestimmten Größen k_1 bzw. k_2 und β bzw. β' abgeschätzt werden.

Für den Fall, daß die Normierungsfaktoren der gemessenen Streukurven nicht zu unterschiedlich sind, kann diese Korrektur in einfacher Weise durch Anwendung der Formel (I. 30) vorgenommen werden. Unterscheiden sich jedoch die Normierungsfaktoren, wie es bei den hier untersuchten Polypropylenproben der Fall ist, so ist das Verfahren gegebenenfalls zu modifizieren.

Die zuverlässige Ermittlung der Luftstreuung auf experimentellem Wege bereitet grundsätzliche Schwierigkeiten. Die in Bild 2 des Teils VI angegebene Luftstreukurve, bei deren Aufnahme das Präparat durch einen geeigneten Primärstrahlfänger ersetzt wurde, gibt die wahre Luftstreuung sicher auch nur näherungsweise wieder, denn offensichtlich ist es nicht ohne weiteres möglich, die vom Präparat herrührende Streuung zu eliminieren, ohne gleichzeitig auch die Luftstreuung zu verändern. Aus diesem Grunde haben wir versucht, den Einfluß der Luftstreuung soweit wie möglich auf rechnerischem Wege zu erfassen.

Im Folgenden soll die experimentell nachweisbare, nichtnormierte Luftstreuung mit $\bar{I}_L(x)$, die zugehörige im Intervall $x = 0$ bis 1 normierte Streukurve mit $I_L(x)$ und der zugehörige Normierungsfaktor mit δ_L bezeichnet werden.
Es gelten die Relationen:

$$I_L(x) = \frac{1}{\delta_L} \cdot \bar{I}_L(x), \qquad \delta_L = \int_0^1 \bar{I}_L(x)\, dx. \tag{1}$$

Bezüglich der Definition der dimensionslosen Variablen x wird auf den Abschnitt 2 im Teil I verwiesen. Weiterhin sollen die experimentellen, die Luftstreuung noch enthaltenden Streukurven der Probe D durch $\bar{I}(x)$, der Probe H durch $\bar{I}'(x)$, die entsprechenden normierten Streukurven wie bisher durch $I(x)$ und $I'(x)$ sowie die hierfür analog zu Gleichung (1) definierten Normierungsfaktoren durch δ und δ' gegeben sein.

Alle bisherigen Ableitungen des Fourierverfahrens beziehen sich genau genommen auf die reine Präparatstreuung, d. h. also auf die Differenzkurven $\bar{I}(x) - \bar{I}_L(x)$. Der Normierungsfaktor hierfür lautet aber $\delta - \delta_L$, und nicht δ wie bisher. Berücksichtigt man dies, so ergeben sich in den Formeln zur Bestimmung von k_1 und k_2 gewisse Änderungen, die leicht nachprüfbar sind und ohne Beweis hier angegeben werden.

Zunächst sind die Gleichungen (VI. 3) zur Berechnung der Hilfsfunktionen Φ_1 und Φ_2 zu ersetzen durch:

$$\Phi_1 = \ln \frac{c_\nu c_\nu' + \bar{c}_\nu \bar{c}_\nu'}{c_\nu^2 + \bar{c}_\nu^2} + \ln \eta \frac{\delta'}{\delta}, \tag{2}$$

$$\Phi_2 = \ln \frac{c_\nu \bar{c}_\nu' - \bar{c}_\nu c_\nu'}{c_\nu^2 + \bar{c}_\nu^2} + \ln \eta \frac{\delta'}{\delta}. \tag{3}$$

Hierbei sind für c_ν, $\bar{c}_\nu$ und c_ν', $\bar{c}_\nu'$ nach wie vor die Koeffizienten der nach Gleichung (1) normierten Streukurven I und I' ohne vorherigen Abzug der Luftstreuung einzusetzen. Weiterhin gibt η das Verhältnis der Normierungsfaktoren der zu vergleichenden Streukurven — jeweils nach Abzug der Luftstreuung — an:

$$\eta = \frac{\delta - \delta_L}{\delta' - \delta_L}. \tag{4}$$

Außerdem ist die Formel zur Berechnung von k_2, bisher durch Gleichung (I. 30) wiedergegeben, zu ersetzen durch:

$$k_2 = \frac{1}{\eta} \cdot \frac{I(2\vartheta_1) \cdot \frac{\delta}{\delta_L} - I_L(2\vartheta_1)}{I'(2\vartheta_1) \cdot \frac{\delta'}{\delta_L} - I_L(2\vartheta_1)}. \tag{5}$$

Die Gleichungen (2) bis (5) sind die gesuchten Formeln zur Bestimmung der Hilfsfunktionen Φ_1 und Φ_2 sowie der Hilfsgröße k_2 bei Berücksichtigung einer vorhandenen Luftstreuung. Für die Durchführung der Korrektur wird hiernach lediglich die Kenntnis der Normierungsfaktoren δ, δ' und δ_L der Streukurven der Probenmaterialien bzw. der Luft benötigt. Die Korrekturen, die sich resultierend aus den Formeln (2) bis (5) für die Streukurven der hier untersuchten Polypropylensubstanzen ergeben, sind sehr gering, wie die folgende Überschlagsrechnung beweist:

Bei konstanten Aufnahmebedingungen können für $I_L(2\vartheta_1)$ und δ_L stets die gleichen Werte angenommen werden. Bei allen unseren Aufnahmen betrug $I_L(2\vartheta_1) = 210$ Imp/min (vgl. Bild 2 in Teil VI) und $\delta_L = 0{,}017$. Die für die Korrekturformeln außerdem benötigten Normierungsfaktoren δ und δ' sind jeweils der Tabelle 2 in Teil VI zu entnehmen. Setzt man diese Werte in die korrigierten Formeln (2) bis (5) ein, so ergeben sich nur vernachlässigbare kleine Änderungen gegenüber den Resultaten, die man aus den ursprünglichen, unkorrigierten Formeln erhält: Die Hilfsfunktionen Φ_1 und Φ_2 ändern sich um den Betrag 0,002 und die Hilfsgröße k_2 um den Betrag 0,01.

2.4. *Bestimmung des absoluten Kristallinitätsgrades β_{abs}*

Der absolute Kristallinitätsgrad wurde entsprechend den Ausführungen von Abschnitt 3 in Teil V berechnet. Es wurden die folgenden Gleichungen zugrunde gelegt:

$$\beta_{abs} = \frac{\beta}{1 - (1 - \alpha) \cdot (1 - \beta)}, \tag{V. 1}$$

$$\alpha = \frac{1 - k_2}{1 - k_1} \cdot \frac{1 - \eta k_1}{1 - \eta k_2}. \tag{V.23}$$

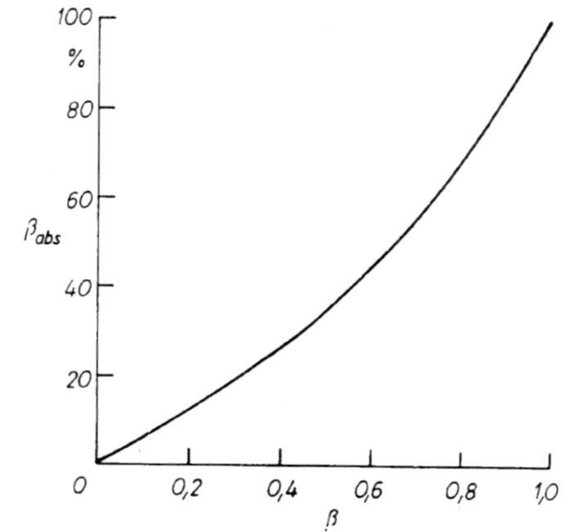

Bild 3. Darstellung von β_{abs} als Funktion von β

Für η ist nach Gleichung (4) und in Übereinstimmung mit der Gleichung (V. 22) das Verhältnis der Normierungsfaktoren der bezüglich der Luftstreuung korrigierten Streukurven einzusetzen. Mit den Werten $\eta = 1{,}14$, $k_1 = 3{,}19$, $k_2 = 0{,}72$ errechnet man zunächst $\alpha = 1{,}88$ und dann als endgültige Formel zur Bestimmung des absoluten Kristallinitätsgrades:

$$\beta_{abs} = \frac{100\beta}{1{,}88 - 0{,}88\beta}\ [\%].$$

Im Bild 3 ist nach dieser Formel β_{abs} als Funktion von β dargestellt worden. Wie man sieht, liegen bei den von uns gewählten Registrierbedingungen die Werte β_{abs} stets unter denen von β. Aus der graphischen Darstellung im Bild 3 liest man für die Ind.-Probe mit $\beta = 0{,}362$ als absoluten Kristallinitätsgrad den Wert $\beta_{abs} = 23{,}2\%$ ab und für die Labor-Probe mit $\beta' = 0{,}113$ entsprechend den Wert $\beta_{abs} = 6{,}4\%$.

3. *Analytische Berechnung der Streukurve für die amorphe Phase*

Bei der analytischen Abtrennung der kristallinen Streuung von der Gesamtstreuung kann im Prinzip auf eine vorherige Abtrennung der störenden Luftstreuung und der inkohärenten Streuung nur dann verzichtet werden, wenn wiederum die Normierungsfaktoren der zu vergleichenden Streukurven nicht zu sehr voneinander verschieden sind. Zum besseren Verständnis dieses Sachverhaltes betrachte man den erweiterten Zweiphasenansatz mit Berücksichtigung einer additiven Störstrahlungskomponente entsprechend Gleichung (I. 29):

$$I(x) = \beta\left[i_c(x) + \frac{1}{\delta}\,\bar{I}_{St}(x)\right] + (1-\beta)\left[i_a(x) + \frac{1}{\delta}\,\bar{I}_{St}(x)\right]. \qquad (6)$$

$\bar{I}_{St}(x)$ bezeichnet die in Imp/min gemessene Summe aus inkohärenter Streuung und Luftstreuung. Sie darf bei konstanten Aufnahmebedingungen im Gegensatz zu dem Normierungsfaktor δ als von β unabhängig angesehen werden. Aus dem modifizierten Zweiphasenansatz (6) folgt für die „unkorrigierte" amorphe Streukomponente $i_a^* = i_a(x) + \bar{I}_{St}(x)/\delta'$ der *gestrichenen* Probe:

$$\frac{k_1 I' - I}{k_1 - 1} = i_a^* - \frac{1 - \delta'/\delta}{1 - k_1}\cdot\frac{\bar{I}_{St}}{\delta'}. \qquad (7)$$

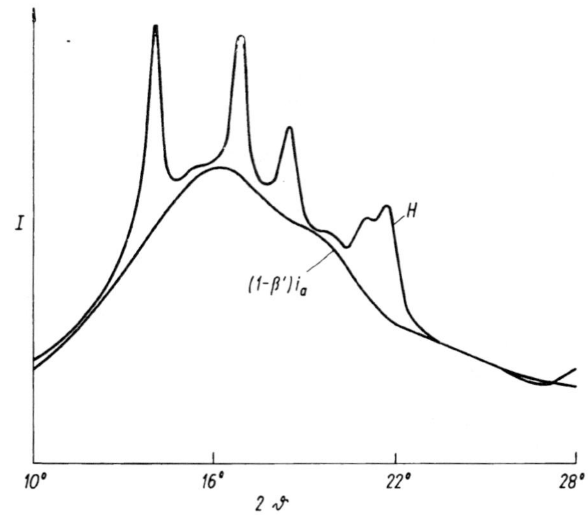

Bild 4. Streudiagramm der Probe H mit berechneter Trennungslinie zwischen kristalliner und amorpher Streuung

Der zweite Summand auf der rechten Seite dieser Gleichung entspricht einer meist nur sehr kleinen Störgröße und kann als solche vernachlässigt werden. In unserem Falle beträgt sie rund 6% der sowieso schon kleinen Störgröße $\bar{I}_{St}/\delta'$, wie man durch Einsetzen der entsprechenden Zahlenwerte leicht nachrechnen kann. Man erhält damit aus Gleichung (7) in guter Näherung gültige Bestimmungsgleichungen für die mit b_ν^*, $\bar{b}_\nu^*$ bezeichneten Fourierkoeffizienten von i_a^*, die formal ganz gleich aufgebaut sind, wie die entsprechenden, ohne Berücksichtigung der Luftstreuung abgeleiteten Bestimmungsgleichungen (I. 15) der amorphen Streukomponente:

$$b_\nu^* = \frac{k_1 c_\nu' - c_\nu}{k_1 - 1}, \qquad \bar{b}_\nu^* = \frac{k_1 \bar{c}_\nu' - \bar{c}_\nu}{k_1 - 1}. \qquad (8)$$

Aus den nach dieser Formel berechneten Fourierkoeffizienten wurde die amorphe Streukurve synthetisiert und nach Multiplikation mit dem Faktor $1 - \beta' = 0{,}887$ in das normierte Streudiagramm der Probe H eingezeichnet — siehe Bild 4. Wie man erkennt, schmiegt sich die so berechnete amorphe Streukurve in zufriedenstellender Weise eng an die Reflexfüße der kristallinen Streuung an.

4. *Fehlerdiskussion*

Genauigkeit und Zuverlässigkeit der erzielten Resultate hängen von einer ganzen Reihe von Faktoren ab, die teils in experimentellen Unzulänglichkeiten begründet sein können, teils in der rechnerischen Durchführung des Verfahrens oder, nicht zuletzt, in der Hypothese des Zweiphasensystems als einer zu sehr idealisierenden Vorstellung. Es ist sehr schwer, bei dem derzeitigen Stand der Theorie des Fourierverfahrens hierzu gesicherte Voraussagen zu machen. Sicher scheint lediglich zu sein, daß die Streuung der Werte Φ_1 in den Diagrammen der Bilder 3 oder 6 im Teil VI ein augenscheinliches Maß für die zu erwartende Güte der Ergebnisse ist.

Bei der Durchführung von Kristallstrukturanalysen hat es sich bewährt, zur Charakterisierung der Übereinstimmung zwischen berechneten und beobachteten Strukturfaktoren einen in der englisch-sprachigen Literatur mit „Discrepancy Index" oder „Residual" bezeichneten Faktor R einzuführen — vgl. hierzu etwa das Literaturzitat [2]. In Anlehnung an dieses Vorgehen haben wir für das Fourierverfahren eine analoge Maßgröße R eingeführt. Für deren Ableitung schreibt man die Gleichungen (VI. 3), (VI. 4) unter Berücksichtigung des Ansatzes (IV. 8) in die folgende Form um:

$$\Phi_1 = \ln \frac{c_\nu c_\nu' + \bar{c}_\nu \bar{c}_\nu'}{c_\nu^2 + \bar{c}_\nu^2} = \ln \frac{Z_\nu}{N_\nu}, \tag{9}$$

$$d_\nu = k_1 \cdot \frac{Z_\nu}{N_\nu} = e^{-\pi \sqrt{6} \varrho_L \nu}. \tag{10}$$

Hieraus folgt:

$$Z_\nu - \frac{1}{k_1} \cdot N_\nu e^{-\pi \sqrt{6} \varrho_L \nu} = 0. \tag{11}$$

Die Gleichung (11) muß im Idealfall bei korrekt bestimmten Parametern k_1 und ϱ_L für alle zu berücksichtigenden Koeffizienten mit $\nu_1 \leqq \nu \leqq \nu_2$ erfüllt sein. Treten jedoch — wie praktisch stets zu erwarten — Abweichungen auf, so muß die wie folgt definierte Größe

$$R = \frac{\sum_{\nu=\nu_1}^{\nu_2} \left| Z_\nu - \frac{1}{k_1} \cdot N_\nu e^{-\pi\sqrt{6}\varrho_L \nu} \right|}{\sum_{\nu=\nu_1}^{\nu_2} \left| \frac{1}{k_1} \cdot N_\nu e^{-\pi\sqrt{6}\varrho_L \nu} \right|} \tag{12}$$

notwendig einen von Null verschiedenen Wert annehmen. Der Wert von R ist dabei um so größer, je größer die Absolutsumme aller Abweichungen ist. Fehlerbehaftete Koeffizienten, die kleine Werte für Z_ν und N_ν ergeben, haben keinen nennenswerten Einfluß auf R.

In Tabelle 1 sind für alle bereits im Teil VI ausgewerteten Kurvenkombinationen die nach Gleichung (12) berechneten R-Werte zusammengestellt, wobei die Werte für ϱ_L der Tabelle 3 im Teil VI entnommen wurden.

Um einen Anhaltspunkt für die Größenordnung zu gewinnen, in der R günstigstenfalls liegen kann, wurde zusätzlich der R-Wert für die Kombination 4 der unverbreiterten Modellkurven aus dem Bild 6 in Teil IV ausgerechnet.

Man erkennt, daß die R-Werte für die Kurvenkombinationen C/D und G/H der hochgetemperten Proben dem idealen R-Wert der herausgegriffenen Modellkurve sehr nahe kommen. Bei den weniger hoch getemperten Proben ist R größer: die Fourierkoeffizienten der niedriger getemperten Proben sind ihrem Betrage nach meist kleiner, und Ungenauigkeiten in deren Bestimmung machen sich naturgemäß stärker bemerkbar.

5. *Diskussion der Ergebnisse*

Die quantitative Auswertung der Röntgenstreukurven für die beiden von uns ausgewählten Polypropylensubstanzen unter Anwendung des Fourierverfahrens führt notwendig zu einigen wesentlichen Schlußfolgerungen.

So hat man zunächst die Tatsache zu berücksichtigen, daß das Fourierverfahren sich widerspruchsfrei durchführen läßt und die experimentellen R-Werte in vernünftigen Größenordnungen liegen. Es stellt dies eine nachträgliche Rechtfertigung der eingangs für Polypropylen als gültig geforderten Zweiphasenvorstellung dar, soweit es sich um eine Deutung und Erklärung der von uns diskutierten Röntgenstreukurven handelt. Die weitergehende Frage nach dem Vorhandensein eines ganzen Ordnungsspektrums anstelle von nur zwei scharf getrennten Phasen bleibt hiervon zunächst noch unberührt und offen, insofern unsere Experimente hierauf eine eindeutige Antwort weder im positiven noch im negativen Sinne zulassen.

Einen weiteren wesentlichen Fakt stellt die beobachtete Verbesserung der Linienschärfe bei steigender Tempertemperatur dar. Dies deutet darauf hin, daß während des Temperns — in Abhängigkeit von der Tempertemperatur — ein Wachstum der kristallinen Bereiche einsetzt. Auf Grund der gleichzeitig nachgewiesenen Konstanz des Kristallinitätsgrades liegt es nahe, daß sich dieser Wachstumsprozeß allein in der geordneten kristallinen Phase abspielt und die ungeordnete amorphe Phase davon im großen und ganzen unberührt bleibt. Die größeren kristallinen Bereiche wachsen auf Kosten der kleineren, und die auftretenden Änderungen der übermolekularen Struktur beim Tempern bestehen möglicherweise vor allem in einer Ver-

Tabelle 1. R-Werte für verschiedene Kurvenkombinationen

Probenherkunft / Kurvenkombinationen	Modellkurve (s. Teil IV) Kombination 4 (s. Bild 6 im Teil IV)	nur Ind.-Substanz			nur Labor-Substanz			Ind.- und Labor-Substanz	
		A/D	B/D	C/D	E/H	F/H	G/H	H/B	H/D
R	0,041	0,211	0,074	0,035	0,259	0,138	0,089	0,159	0,122

Faserforschung und Textiltechnik 20 (1969) Heft 5

schiebung von vorhandenen Korngrenzen innerhalb größerer, geordneter morphologischer Einheiten.

Eine zusätzliche Stützung dieser Vorstellung resultiert daraus, daß die weniger kristalline Labor-Substanz nachweislich einen sehr hohen Anteil nichtkristallisierenden Materials besitzt[4]). Wenn man annimmt, daß die ataktische Polypropylenkomponente neben einer möglicherweise außerdem noch vorhandenen röntgenamorphen isotaktischen Komponente den Hauptanteil der amorphen Phase ausmacht, so würde notwendig die Konstanz des Kristallinitätsgrades folgen; denn eine nennenswerte Änderung des Anteils an ataktischem Material während der Temperung darf man dann ausschließen. In diesem Zusammenhang ist auf Untersuchungen von *Bodor* u. Mitarb. [3] sowie *Farrow* [4] hinzuweisen, die — ebenfalls auf Grund röntgenographischer Untersuchungen — die Konstanz des Kristallinitätsgrades an Polypropylen nachgewiesen und die Änderungen im Streudiagramm als reinen Teilchengrößeneffekt gedeutet haben.

Es ist darauf hinzuweisen, daß andere Verfasser durchaus eine Änderung des Kristallinitätsgrades gefunden haben, wie beispielsweise *Natta* u. Mitarb. [5], *Weidinger* und *Hermans* [6] sowie *Kuribayashi* u. Mitarb. [7]. Weiterhin überraschend sind in diesem Zusammenhang auch die vergleichsweise niedrig liegenden β-Werte, die man bei der vorliegenden Auswertung erhält; denn aus den in den Bildern 1a und 1b im Teil VI reproduzierten Streukurven würde man nach der üblichen Betrachtungsweise höhere β-Werte ablesen.

Eine naheliegende Erklärung dieser Diskrepanzen dürfte vor allem in bestimmten Unzulänglichkeiten der jeweils verwendeten Auswertungsverfahren zu suchen sein. Zur näheren Erläuterung haben wir die im Rahmen dieser Arbeit ausgewerteten Streukurven vergleichsweise nach dem Verfahren von *Natta* u. Mitarb. [5] diskutiert. Die Ergebnisse, die man mit diesem verbreitet verwendeten Verfahren erhält, sind in Tabelle 2 zusammengefaßt.

Die nach *Natta* u. Mitarb. bestimmten β-Werte liegen meist erheblich höher als die von uns bestimmten. Die Begründung hierfür ist teilweise in der schematischen Festlegung der amorphen Streukurve zu suchen, vor allem aber in der weitgehend willkürlich verfügten Abtrennung eines Untergrundes in Gestalt einer Geraden durch die Funktionswerte der Streukurve bei $2\vartheta = 7°$ und 30°. Dadurch wird naturgemäß die „amorphe Streufläche" verkleinert und das Flächenverhältnis β damit notwendig vergrößert. Uns scheint jedoch diese Praxis des Einzeichnens einer Untergrundgeraden und die darauf gegründete β-Bestimmung zumindest fragwürdig; denn weder in der zitierten Originalarbeit noch in vielen anderen Arbeiten, in denen die Abtrennung eines störenden Untergrundes genauso oder ähnlich durchgeführt wird, wird von den Autoren eine wirklich stichhaltige und plausible Begründung hierzu gegeben. Bemerkenswert ist weiterhin, daß die nach *Natta* bestimmten β-Werte sehr stark von der Tempertemperatur abhängen, im deutlichen Gegensatz zu den Ergebnissen unserer Untersuchungen. Ganz offensichtlich täuschen hier die jeweils vorhandenen Linienverbreiterungen Änderungen des Kristallinitätsgrades vor, die in Wirklichkeit gar nicht vorhanden sind.

6. *Zusammenfassung*

Die vorliegende Untersuchung befaßt sich mit der röntgenographischen Bestimmung eines absoluten Kristallinitätsgrades an Polypropylen. Es wurden die gleichen Polymerisate untersucht, für die im vorangegangenen Teil VI dieser Arbeit bereits der Einfluß der Temperung auf die Linienbreite quantitativ analysiert worden war. Die Streukurven und die zugehörigen Fourierkoeffizienten wurden dementsprechend vollständig aus diesem Teil VI übernommen.

Die Auswertung der Streukurven erfolgte auf der Grundlage eines Fourierverfahrens, das in den früheren Teilen I bis V ausführlich von uns beschrieben wurde. Die hier durchgeführte Bestimmung des Kristallinitätsgrades stellt eine erste experimentelle Anwendung des entsprechenden Teils der Theorie des Fourierverfahrens dar. Im einzelnen wurden die folgenden Resultate erhalten:

1. Durch Kombination der Streukurve der jeweils am höchsten getemperten Proben der Ind.- und der Labor-Substanz wurden auf rechnerischem Wege die absoluten Kristallinitätsgrade $\beta_{abs} = 23{,}2\%$ bzw. $\beta_{abs} = 6{,}4\%$ ermittelt. Diese Werte ändern sich nicht während einer Temperung.
2. Parallel hierzu wurde eine Kristallinitätsgradbestimmung unter Verwendung der verbreitet benutzten Dreieckskonstruktion nach *Natta* u. Mitarb. durchgeführt. Es ergeben sich deutlich Diskrepanzen zu den Ergebnissen des Fourierverfahrens, sowohl was die Größe des Kristallinitätsgrades als auch was die Abhängigkeit des letzteren von einer Temperung anbetrifft. Es ist dies eindeutig eine

[4]) Extraktionsversuche mit n-Heptan bei 100 °C und 16 h Dauer führten dazu, daß speziell die Labor-Probe bis auf einen relativ kleinen unlöslichen Rückstand in Lösung ging. Dieser Befund steht qualitativ in Einklang mit der Annahme, daß die Labor-Probe einen sehr hohen Anteil ataktischen Materials besitzt. Über Einzelheiten dieser Versuche wird in anderem Zusammenhang später zu berichten sein.

Tabelle 2. Vergleich der nach Natta u. Mitarb. [5] und der nach dem Fourierverfahren bestimmten Kristallinitätsgrade

	Probenherkunft	Ind.-Substanz				Labor- Substanz			
	Probenbezeichnung	A	B	C	D	E	F	G	H
β	*Natta*-Verfahren	—[5])	0,325	0,495	0,535	—[5])	0,273	0,297	0,365
	Fourier-Verfahren	0,362				0,113			

[5]) Bei den Proben A und E liegt das Bezugsminimum zwischen den Reflexen (110) und (040) so hoch, daß eine sinnvolle Anwendung der *Natta*schen Dreieckkonstruktion und damit eine Bestimmung des Kristallinitätsgrades nicht möglich ist.

Folge dessen, daß der bei Polypropylen dominierende Einfluß der Änderung der Linienbreiten bei dem *Natta*-schen Verfahren nicht berücksichtigt wird.

3. Auf rechnerischem Wege wurde der Verlauf der Streuung der ungeordneten amorphen Phase ermittelt. Man erhält dabei eine befriedigend verlaufende amorphe Streukurve, die sich eng an die Reflexfüße des Streudiagramms anschmiegt.
4. Korrekturen der Streukurve sind nicht unbedingt notwendig und wurden demzufolge hier auch nicht vorgenommen. Lediglich die Kenntnis gewisser Normierungsfaktoren sowie die Größe der Luftstreuung bei dem kleinsten Winkelwert $2\vartheta_1$ ist gegebenenfalls notwendig.
5. Zur Kennzeichnung der zu erwartenden Genauigkeit und Zuverlässigkeit der mit dem Fourierverfahren erzielbaren Ergebnisse wurde eine als „R-Wert" bezeichnete Maßzahl eingeführt. Die für sämtliche untersuchten Streukurvenkombinationen berechneten R-Werte wurden dem R-Wert zu einer herausgegriffenen Kombination zweier theoretischer Modellkurven aus dem Teil IV gegenübergestellt. Der Vergleich zeigt, daß die experimentellen R-Werte in durchaus vernünftigen Größenordnungen liegen.

Abschließend sei noch kurz auf die Erfahrungen eingegangen, die wir bei der praktischen Anwendung des Fourierverfahrens gewonnen haben. Es zeigte sich, daß der notwendige Rechenaufwand in angemessenem Verhältnis zum experimentellen Aufwand einer quantitativen röntgendiffraktometrischen Messung steht. Dies gilt in ganz besonderem Maße dann, wenn elektronische Computer für die Berechnung der Fourierkoeffizienten wie auch der Hilfsfunktionen Φ_1, Φ_2 eingesetzt werden. Weiterhin macht sich auch sehr vorteilhaft bemerkbar, daß auf Korrekturen der Streukurven weitgehend verzichtet werden kann. Lediglich Luftstreuung und gegebenenfalls — wenn der absolute Kristallinitätsgrad bestimmt werden soll — Konstanz der bestrahlten Probenmasse sind in geeigneter Weise zu berücksichtigen.

Literatur

[1] *Teichgräber, M.:* Die übermolekulare Struktur hochpolymerer Verbindungen. Teil I. Faserforsch. u. Textiltechnik **18** (1967) 7, S. 336—342.
Teichgräber, M., und *Schilling, B.:* Teil II. Faserforsch. u. Textiltechnik **18** (1967) 8, S. 359—366.
Teichgräber, M.: Teil III. Faserforsch. u. Textiltechnik **18** (1967) 11, S. 517—521.
Teichgräber, M.: Teil IV. Faserforsch. u. Textiltechnik **18** (1967) 12, S. 553—564.
Teichgräber, M.: Teil V. Faserforsch. u. Textiltechnik **19** (1968) 2, S. 56—62.
Teichgräber, M., und *Schilling, B.:* Teil VI. Faserforsch. u. Textiltechnik, im Druck.

[2] International Tables for X-Ray Crystallography. Volume II: Mathematical Tables. Birmingham: Kynoch Press 1959, S. 332.

[3] *Bodor, G.*, *Grell, M.*, und *Kallò, A.:* Untersuchung des Zustandes von Polypropylen — Vorschlag zur Bestimmung der Kristallinität des Polypropylens. Faserforsch. u. Textiltechnik **15** (1964) 11, S. 527—532.

[4] *Farrow, G.:* The measurement of crystallinity in polypropylene-fibres by X-ray diffraction. Polymer, London **2** (1961) S. 409—417.

[5] *Natta, G.*, *Corradini, P.*, und *Cesari, M.:* Determinazione quantitativa della cristallinità del polipropilene. Atti Acad. nat. Lincei, Ser. 8 **22** (1957) S. 11—17.

[6] *Weidinger, A.*, und *Hermans, P. H.:* On the determination of the crystalline fraction of isotactic polypropylene from X-ray diffraction. Makromol. Chemie **56** (1962) S. 169—178.

[7] *Kuribayashi, S.*, und *Nakai, A.:* Heat-treatment of polypropylene fibers. II. X-ray studies on changes in crystallinity by heat-treatment. J. Soc. Textile Cellulose Ind., Japan **18** (1962) 1, S. 64—72.
Kuribayashi, S., *Tanaka, K,.* und *Nakai, A.:* Heat-treatment of polypropylene fibers. III. X-ray studies on crystallinities of heat-treated fibers J. Soc. Textile Cellulose Ind., Japan **19** (1963) 5, S. 386—391.

Eingegangen am 25. Februar 1969

Zur Toleranz der Vorspannkräfte und deren ökonomisch optimaler Berücksichtigung in der Textilprüfung

Friedrich Winkler

Deutsche Akademie der Wissenschaften zu Berlin, Institut für Faserstoff-Forschung in Teltow-Seehof

Herrn Prof. Dr. Hermann Klare zur Vollendung des 60. Lebensjahres gewidmet

DK 389.6:539.412:677.017.272:677.017.42

Es wird gezeigt, daß es mit 16 Vorspannkräften bzw. Vorspannmassestücken je Zehnerpotenz der Feinheit möglich ist, eine Toleranz der feinheitsbezogenen Vorspannkraft von $\pm$ 10% bei einer Toleranz der Vorspannkraft von $\pm$ 2,4% in ökonomisch optimaler Weise zu verwirklichen.

О допусках при предварительных нагрузках и их оптимальном экономическом учете при текстильных испытаниях

Показано, что при применении 16-ти предварительных нагрузок соответственно грузов для предварительных нагрузок на один порядок тонины возможно получить экономически оптимальный допуск приведенной к тонине предварительной нагрузки, равный $\pm$ 10%, причем допуск предварительной нагрузки равняется $\pm$ 2,4%.

Pretension Tolerance and Its Optimum Limitation in Textile Testing

It is shown that a tolerance of fineness-dependent pretension of $\pm$10% at an independent pretension tolerance of $\pm$2,4% can best be achieved with 16 pretension weights per power 10 of the fineness unit.

Vor längerer Zeit [14] wurde für die Standardisierung der Vorspannmassestücke beim Zugversuch eine dezimalgeometrische Reihe mit dem Stufensprung $\sqrt[6]{10}$ vorgeschlagen. Ihr lagen folgende Gesichtspunkte zugrunde:

a) Ausnutzen der von der ISO empfohlenen Toleranz von $\pm$ 20% für die feinheitsbezogene Vorspannkraft [(0,5 $\pm$ 0,1) p/tex beim Zugversuch im Normalklima, (0,25 $\pm$ 0,05) p/tex beim Naß-Zugversuch],
b) Auskommen mit einem Minimum an Vorspann-Massestücken,
c) Verwenden nur eines anklemmbaren Vorspann-Massestückes während der Versuchsdurchführung,
d) Wiederholung gleicher Ziffernfolgen für die Vorspannkräfte in jedem Dezimalbereich,
e) lückenloses Überdecken des gesamten Feinheitsbereiches der Fasern und Fäden mit der standardisierten feinheitsbezogenen Vorspannkraft.

Unter Berücksichtigung dieser Bedingungen ergaben sich 6 Vorspannkräfte bzw. Vorspannmassestücke, deren Genauwerte die Ziffernfolgen 100, 147, 215, 316, 464, 681 und 1000 umfassen.

Für die Anwendung in der Prüfpraxis ist seinerzeit eine Rundwert-Reihe mit den Ziffernfolgen 100, 150, 225, 335, 500, 700 und 1000 vorgeschlagen worden [14], die inzwischen in viele Prüfstandards übernommen wurde (z. B. in [1 bis 4, 8 bis 13]). Für das Einhalten der Toleranz der feinheitsbezogenen Vorspannkraft von $\pm$ 20% ist die Vorspannkraft stets als genau angesehen worden. Die Toleranz wurde der im Nenner stehenden Feinheit Tt zugeordnet, so daß sich die Feinheitsbereiche von $\overline{Tt}$ − 16,7% bis $\overline{Tt}$ + 25% erstrecken, wenn $\overline{Tt}$ die einer standardisierten, feinheitsbezogenen Vorspannkraft zugeordneten Feinheit ist.

Im Laufe der Anwendungszeit ergaben sich mit dieser Reihe einige Schwierigkeiten, die nicht vorausgesehen werden konnten. Es sind dies:

A. Die ISO behielt zwar für einige Prüfverfahren die Toleranz von $\pm$ 20% bei (z. B. für die Feinheitsbestimmung [5] und die Drehungsbestimmung [6], ging aber bei anderen Prüfverfahren auf eine Toleranz von $\pm$ 10% über (z. B. beim Zugversuch [7]).

B. Massestücke über 1,5 g können zwar ohne Schwierigkeiten mit einer Toleranz von 0,1% und darunter hergestellt werden, bei kleineren Massestücken ist diese Toleranz mit normalen Fertigungsverfahren nicht einzuhalten. Ein Vernachlässigen der Toleranz der Vorspannmassestücke ist daher nur bei über 1,5 g zulässig. Wegen zusätzlicher Massefehler (z. B. an den Massestücken anhaftendes Wasser beim Naß-Zugversuch) ist eine übertrieben kleine Fertigungstoleranz auch nicht sinnvoll. Bei den kleinsten Massestücken [8] beträgt die jetzt zugelassene Fertigungstoleranz 1 bis 2%.

C. Bei automatischen Zugprüfmaschinen muß die Vorspannkraft durch Reibungsbremsung oder Wirken eines Drehmomentes aufgebracht werden. Das Einhalten einer Toleranz der Vorspannkraft von 0,1% ist dabei nicht möglich.

D. Die leicht dehnbaren Elastomer- und Texturfäden lassen es angeraten erscheinen, die Toleranz der feinheitsbezogenen Vorspannkraft von $\pm$ 20% auf $\pm$ 10% einzuschränken, um die Genauigkeit der Längenmessungen zu erhöhen.

Berücksichtigt man die neuen Forderungen A bis D, so muß eine neue Reihe von Vorspannkräften aufgestellt werden.

Würde die Toleranz von $\pm$ 20% beibehalten, so genügte eine dezimalgeometrische Reihe mit dem Stufensprung $\sqrt[7]{10}$, deren Genauwerte die Ziffernfolgen 100, 139, 193, 268, 373, 518, 720 und 1000 umfassen. Selbst beim Runden der Ziffernfolgen auf die Endziffern 0 oder 5, also auf die Rundwerte 100, 140, 195, 270, 375, 520, 720 und 1000, lassen sich die Feinheitsbereiche so legen, daß der Vorspannkraft eine Toleranz von mindestens 3,3% zugebilligt werden könnte. Dies ist als ausreichend anzusehen, es könnte also mit einer zusätzlichen Vorspannkraft je Zehnerpotenz gearbeitet werden.

Tabelle 1. Dreistellige Genauwerte (P_v) der Vorspannkräfte, obere (P_0) und untere (P_u) Toleranzgrenzen für gleichmäßig verteilte Toleranzen sowie zugehörige Relativwerte der Toleranz und die der Vorspannkraft zuordenbare absolute Toleranz ($\pm \Delta P_v$) bei einer dezimalgeometrischen Reihe mit dem Stufensprung $\sqrt[16]{10}$

P_u [p]	P_v [p]	P_0 [p]	$\frac{P_v - P_u}{P_v} \cdot 100$ % [%]	$\frac{P_0 - P_v}{P_v} \cdot 100$ % [%]	$\pm \Delta P_v$ [p]
92,8	100	107,0	7,2	7,0	2,4
107,0	115	123,4	7,0	7,3	2,7
123,4	133	142,7	7,2	7,3	3,1
142,7	154	165,2	7,3	7,3	3,6
165,2	178	190,6	7,2	7,1	4,2
190,6	205	219,9	7,0	7,3	4,9
219,9	237	254,2	7,2	7,3	5,6
254,2	274	293,5	7,2	7,1	6,5
293,5	316	338,8	7,1	7,2	7,5
338,8	365	391,5	7,2	7,3	8,7
391,5	422	452,2	7,2	7,2	10,1
452,2	487	521,9	7,1	7,2	11,6
521,9	562	602,5	7,1	7,2	13,4
602,5	649	696,0	7,2	7,2	15,5
696,0	750	804,0	7,2	7,2	18,0
804,0	866	928,0	7,2	7,2	20,7
928,0	1000	10700	7,2	7,0	24,0

Soll der neuen Reihe der Vorspannkräfte die von der ISO neuerdings teilweise empfohlenen Toleranz von $\pm 10\%$ zugrunde gelegt werden, so konnte man zunächst meinen, eine dezimalgeometrische Reihe mit dem Stufensprung $\sqrt[14]{10}$ müßte genügen. Dabei sinkt allerdings die der Vorspannkraft zuordenbare Toleranz auf die Hälfte, also auf etwa 1,7%. Das dürfte aber keinesfalls genügen. Eine Reihe mit dem Stufensprung $\sqrt[15]{10}$ hat mit 15 Vorspannkräften den Nachteil der ungeraden Anzahl. Bei Verwendung der Vorspannkräfte für eine Reihe mit $\pm 20\%$ Toleranz werden dabei zwei Zehnerpotenzen überstrichen. Außerdem steigt die der Vorspannkraft zuordenbare Toleranz auf nur etwa 2,0%.

Die günstigste dezimalgeometrische Reihe unter Berücksichtigung aller unter A bis D genannten Gesichtspunkte ist daher eine mit einem Stufensprung $\sqrt[16]{10}$, also 16 Vorspannkräften je Zehnerpotenz. Verwendet man dabei die dreistelligen Ziffernfolgen 100, 115, 133, 154, 178, 205, 237, 274, 316, 365, 422, 487, 562, 649, 750, 866 und 1000, so können den Vorspannkräften maximal 2,7% Toleranz zugebilligt werden. In Tabelle 1 sind die diesen Ziffernfolgen zugeordneten oberen und unteren Toleranzgrenzen der Vorspannkraft mit angegeben. Von den $\pm 10\%$ Toleranz werden nur maximal $\pm 7,3\%$ ausgenutzt, wenn die Feinheitsbereiche entsprechend gelegt werden können. Dies geht aus der vierten und fünften Spalte der Tabelle 1 hervor. In

Tabelle 2. Feinheitsbereiche für unterschiedliche Vorspannkräfte und verschiedene feinheitsbezogene Vorspannkräfte bei einer dezimalgeometrischen Reihe mit dem Stufensprung $\sqrt[16]{10}$

Vorspannkraft P_v [p]	Feinheit Tt in tex bei einer feinheitsbezogenen Vorspannkraft in p/tex von 0,5 ± 0,05		0,25 ± 0,025		0,7 ± 0,07		3,0 ± 0,3		0,1 ± 0,01	
	über	bis	über	bis	über	bis	über	bis	über	bis
100	187	215	373	430	133	154	31,1	35,8	933	1080
115	215	248	430	496	154	177	35,8	41,3	1080	1240
133	248	287	496	574	177	205	41,3	47,8	1240	1440
154	287	332	574	664	205	237	47,8	55,3	1440	1660
178	332	383	664	766	237	274	55,3	63,8	1660	1920
205	383	442	766	884	274	316	63,8	73,6	1920	2210
237	442	511	884	1020	316	365	73,6	85,1	2210	2550
274	511	590	1020	1180	365	422	85,1	98,4	2550	2950
316	590	681	1180	1360	422	486	98,4	113	2950	3410
365	681	787	1360	1570	486	562	113	131	3410	3940
422	787	910	1570	1820	562	649	131	151	3940	4540
487	910	1050	1820	2100	649	750	151	175	4540	5250
562	1050	1210	2100	2420	750	866	175	202	5250	6050
649	1210	1400	2420	2800	866	1000	202	233	6050	7000
750	1400	1620	2800	3230	1000	1150	233	269	7000	8080
866	1620	1870	3230	3730	1150	1330	269	311	8080	9330
1000	1870	2160	3730	4300	1330	1540	311	358	9330	10800

Faserforschung und Textiltechnik 20 (1969) Heft 5

Tabelle 3. Grenzwerte der feinheitsbezogenen Vorspannkräfte für die in Tabelle 2 angegebenen Vorspannkräfte P_v und Feinheiten Tt

Vorspannkräfte P_v [p]	bei einer feinheitsbezogenen Vorspannkraft in p/tex von									
	0,5 ± 0,05		0,25 ± 0,025		0,7 ± 0,07		3,0 ± 0,3		0,1 ± 0,01	
	unter	bis	unter	bis	unter	bis	unter	bis	unter	bis
100	0,535	0,465	0,268	0,233	0,752	0,649	3,22	2,79	0,1072	0,0926
115	0,535	0,464	0,267	0,232	0,747	0,650	3,21	2,78	0,1065	0,0927
133	0,536	0,463	0,268	0,232	0,751	0,649	3,22	2,78	0,1073	0,0924
154	0,537	0,464	0,268	0,232	0,751	0,650	3,22	2,78	0,1069	0,0928
178	0,536	0,465	0,268	0,232	0,751	0,650	3,22	2,79	0,1072	0,0927
205	0,535	0,464	0,268	0,232	0,748	0,649	3,21	2,79	0,1068	0,0928
237	0,536	0,464	0,268	0,232	0,750	0,649	3,22	2,78	0,1072	0,0929
274	0,536	0,464	0,269	0,232	0,751	0,649	3,22	2,78	0,1075	0,0929
316	0,536	0,464	0,268	0,232	0,749	0,650	3,21	2,80	0,1071	0,0927
365	0,536	0,464	0,268	0,232	0,751	0,649	3,23	2,79	0,1070	0,0926
422	0,536	0,464	0,269	0,232	0,751	0,650	3,22	2,79	0,1071	0,0930
487	0,535	0,464	0,268	0,232	0,750	0,649	3,23	2,78	0,1073	0,0928
562	0,535	0,464	0,268	0,232	0,749	0,649	3,21	2,78	0,1070	0,0929
649	0,536	0,464	0,268	0,232	0,749	0,649	3,21	2,79	0,1073	0,0927
750	0,536	0,463	0,268	0,232	0,750	0,652	3,22	2,79	0,1071	0,0928
866	0,535	0,463	0,268	0,232	0,753	0,651	3,22	2,78	0,1072	0,0928
1000	0,535	0,463	0,268	0,233	0,752	0,649	3,22	2,79	0,1072	0,0926

der letzten Spalte der Tabelle 1 sind die absoluten Toleranzen $\pm \Delta P_v$ für die Vorspannkräfte P_v angegeben, wenn nur 2,4% als relative Toleranz angenommen werden. Die Feinheitsbereiche für Vorspannkräfte zwischen 100 p und 1000 p sind in Tabelle 2 enthalten. Dabei wurden folgende feinheitsbezogene Vorspannkräfte berücksichtigt:

(0,5 ± 0,05) p/tex
für den Zugversuch im Normalklima nach [7],

(0,25 ± 0,025) p/tex
für den Naß-Zugversuch nach [7],

(0,7 ± 0,07) p/tex
nach [4],

(3,0 ± 0,3) p/tex
nach [4],

(0,1 ± 0,01) p/tex
nach [7].

Für die nächst niedrigen Zehnerpotenzen der Vorspannkraft ergeben sich auch die nächst niedrigen Zehnerpotenzen der Feinheit, es kann daher hier auf die Angabe anderer Zehnerpotenzen verzichtet werden, da sie sich ohne weiteres durch gleichsinniges Verschieben des Dezimalkommas bei Vorspannkraft und Feinheit ermitteln lassen.

In Tabelle 3 sind die aus der jeweiligen Vorspannkraft und den Grenzwerten des Feinheitsbereiches berechneten Grenzwerte der feinheitsbezogenen Vorspannkraft angegeben. Es zeigt sich dabei, daß von den ± 10% Toleranz der feinheitsbezogenen Vorspannkraft nur etwa 6,4 bis 7,6% ausgenutzt werden. Für die Vorspannkraft verbleiben daher in jedem Falle zwischen 2,4 und 3,6% zulässige Toleranz. Die absoluten Toleranzen ΔP_v in Tabelle 1 wurden daher so gewählt, daß 2,4% relative Toleranz nicht überschritten werden. Diese Toleranz kann entweder als Fertigungstoleranz bei der Herstellung der Vorspannmassestücke zugelassen werden (z. B. sind bei einem Vorspannmassestück von 1000 mg statt ± 2 mg nach [8] dann ± 24 mg Abweichung zulässig), oder die Toleranz kann bei automatischen Zugprüfmaschinen für die Einstellung der Vorspannkraft vorgesehen werden (z. B. sind bei einem Zugversuch im Normalklima an Viskoseseide der Nennfeinheit $Tt = 34$ tex dann 17,8 p ± 0,42 p als Vorspannkraft einzustellen). In beiden Fällen ist die Toleranz von ± 2,4% als ein Fehler anzusehen, der der *Gauß*schen Normalverteilung gehorcht.

Die gesamte Häufigkeitsverteilung für eine feinheitsbezogene Vorspannkraft von (0,5 ± 0,05) p/tex bei einer Vorspannkraft von 100 p ist für eine Feinheit von 187 bis 215 tex schematisch in Bild 1 dargestellt. Im Bereich zwischen 0,465 und 0,535 p/tex besteht eine konstante Häufigkeit, da das Vorkommen aller Feinheiten gleich wahrscheinlich ist. Wegen der zugelassenen Toleranz der Vorspannkraft von etwa ± 2,4% gehört zu jeder der feinheitsbezogenen Vorspannkräfte eine *Gauß*sche Normalverteilung. Von Interesse ist diese jedoch nur unterhalb von 0,465 p/tex und oberhalb

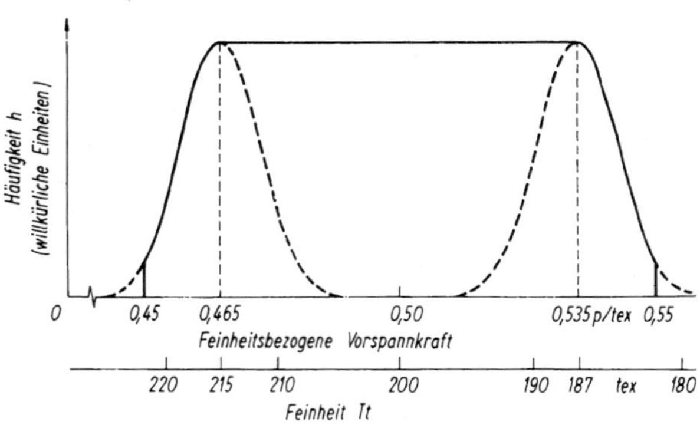

Bild 1. Schematische Darstellung der Häufigkeitsverteilung der feinheitsbezogenen Vorspannkraft, als Beispiel für

Vorspannkraft P_v: 100 p
Feinheit Tt: 187 bis 215 tex
feinheitsbezogene Vorspannkraft: (0,5 ± 0,05) p/tex

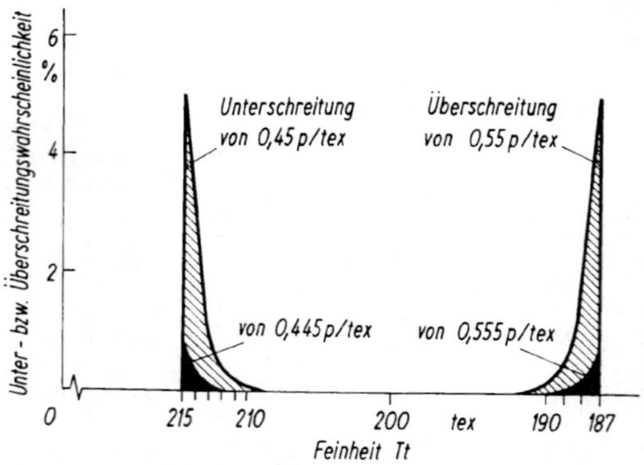

Bild 2. Wahrscheinlichkeit der Unterschreitung von 0,45 p/tex bzw. der Überschreitung von 0,55 p/tex für das in Bild 1 gegebene Beispiel

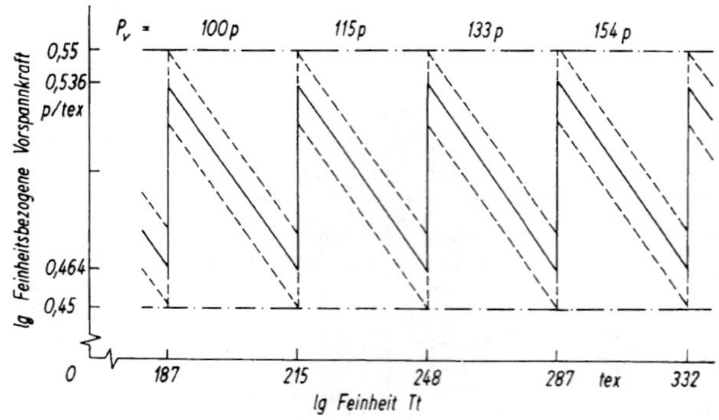

Bild 3. Feinheitsbezogene Vorspannkraft als Funktion der Feinheit für $(0{,}5 \pm 0{,}05)$ p/tex unter Berücksichtigung einer Toleranz der Vorspannkraft von $\pm 2{,}4\%$ (doppelt-logarithmische Darstellung)

——— Verlauf der tatsächlichen feinheitsbezogenen Vorspannkraft

–·–·–·– $\pm$ 10%-Toleranz zur mittleren feinheitsbezogenen Vorspannkraft

– – – – $\pm$ 2,4%-Toleranz zur tatsächlichen feinheitsbezogenen Vorspannkraft

0,535 p/tex, und zwar nur die Anteile, die außerhalb des Bereiches von $(0{,}5 \pm 0{,}05)$ p/tex liegen. Ordnet man der Toleranz von $\pm 2{,}4\%$ einen Bereich zu, in dem 95% des Flächeninhaltes unter der *Gauß*schen Häufigkeitskurve liegen, so kann die feinheitsbezogene Vorspannkraft in maximal 5% aller vorkommenden Fälle unter- oder überschritten werden. Das ist aber nur dann möglich, wenn die Feinheit genau auf die Bereichsgrenze fällt (im Beispiel 215 bzw. 187 tex). Wie Bild 2 zeigt, geht die Unterschreitungswahrscheinlichkeit schon auf unter 3% für die um eine Einheit verminderte Feinheit (im Beispiel 214 tex) zurück, die Überschreitungswahrscheinlichkeit sogar auf unter 2% bei den gleichen Bedingungen (im Beispiel 188 tex). Ließe man statt der $\pm 10\%$ (im Beispiel $\pm 0{,}05$ p/tex) eine Gesamttoleranz von $\pm 11\%$ zu (im Beispiel $\pm 0{,}055$ p/tex), so beträgt die Unter- bzw. Überschreitungswahrscheinlichkeit an der Grenze des Feinheitsbereiches statt der 5% nur noch 0,8%, wie Bild 2 ebenfalls zeigt. Alle angegebenen Unter- und Überschreitungswahrscheinlichkeiten gelten natürlich nur, wenn die Toleranz der Vorspannkraft von $\pm 2{,}4\%$ voll ausgenutzt wird. Bei geringeren Toleranzen gehen die Wahrscheinlichkeiten in gleicher Weise stark zurück, wie es eben geschildert worden ist.

Für die ersten fünf Vorspannkräfte einer Zehnerpotenz ist in Bild 3 der Verlauf der tatsächlichen feinheitsbezogenen Vorspannkraft dargestellt. Außerdem sind die Toleranzgrenzen zur mittleren feinheitsbezogenen Vorspannkraft ($\pm 10\%$) und zur tatsächlichen feinheitsbezogenen Vorspannkraft ($\pm 2{,}4\%$) mit angegeben. Besonders aus dieser Darstellung ist ersichtlich, wie gut mit 16 Vorspannkräften bzw. Vorspannmassestücken je Zehnerpotenz der Feinheit alle unter a) bis e) sowie alle unter Alg bis Dlg genannten Forderungen erfüllt werden können. Dafür stellt der gemachte Vorschlag auch die ökonomisch günstigste Lösung dar.

Literatur

[1] DIN 53816, Prüfung von Textilien; Zugversuch an Einzelfasern, Haaren und Borsten. September 1961.
[2] DIN 53832, Blatt 1, Prüfung von Textilien; Bestimmung der Drehung von Garnen und Zwirnen sowie der Längenänderung beim Aufdrehen (Aufdrehverfahren). Dezember 1962.
[3] DIN 53834, Prüfung von Textilien; Zugversuch an Garnen und Zwirnen. September 1961.
[4] RS-Entwurfsvorschlag A 5, Textilmaterialien; Prüfverfahren, Vorspannkräfte für die Prüfung von Fasern und Fäden. Juni 1968.
[5] Second Draft ISO Recommendation No. 194/I, Method of Test for Linear Density (Mass per Unit Length) of Yarn from Packages. Skein Method. July 1963.
[6] Second Draft ISO Recommendation No. 194/II, Method of Test for Twist in Yarns. July 1963.
[7] Second Draft ISO Recommendation No. 194/III, Method of Test for Breaking Load and Breaking Elongation of Single Strands of Yarn from Packages (CRL, CRT and CRE Testers). July 1963.
[8] TGL 11056, Textilprüfung, Vorspannmassestücke bis 1500 mg. November 1961.
[9] TGL 19062, Bl. 2, Textilprüfung; Feinheitsbezogene Vorspannkräfte, Feinheitsbereiche der feinheitsbezogenen Vorspannkraft 0,5 p/tex. Dezember 1964.
[10] TGL 19062, Bl. 3, Textilprüfung; Feinheitsbezogene Vorspannkräfte, Feinheitsbereiche der feinheitsbezogenen Vorspannkraft 0,25 p/tex. Dezember 1964.
[11] TGL 0-53816, Prüfung von Textilien; Zugversuch an Elementarfäden, Haaren und Borsten. August 1962.
[12] TGL 0-53834, Prüfung von Textilien; Zugversuch an Fäden. März 1963.
[13] TGL 0-53857, Prüfung von Textilien; Streifen-Zugversuch an textilen Flächengebilden. Oktober 1963.
[14] *Winkler, F.:* Zur Normung der Vorspanngewichtsstücke beim Zugversuch. Faserforsch. u. Textiltechnik 12 (1961) 10, S. 494–495.

Eingegangen am 10. Januar 1969

Patentschau

Auszug aus der Lieferung 23/24/1968 der Patentschau „Faserstoffe und Textiltechnik", Ausgabe A: Faserstoffe einschl. Kunststoffe und organ. Grundsubstanzen, zusammengestellt von der Abteilung Wissenschaftliches Berichtswesen des Instituts für Fasersoff-Forschung der DAW, 153 Teltow-Seehof, Kantstr. 55

Die Patentschau ist nach der deutschen Patentklasseneinteilung gegliedert. Es bedeuten: DDP = DDR-Patent; DBP = Deutsches Bundespatent; DAS = (West)-Deutsche Auslegeschrift; OeP = Österreichisches Patent; PoP = Polnisches Patent; SzP = Schweizer Patent; FrP = Französisches Patent; GBP = Britisches Patent; SvP = Schwedisches Patent; SUP = Sowjetisches Patent; ČSP = Tschechoslowakisches Patent; USP = Amerikanisches Patent; — A = Anmeldedatum, B = Tag der Ausgabe der Patent- bzw. Auslegeschrift.

Klasse 12 o, 6. Synthetische Derivate der Kohlenhydrate u. dgl., z. B. Celluloseester, auch Viscose

GBP 1130552. Herstellung von Celluloseacetat. Inh.: Courtaulds Ltd. A. 16. 2. 65, B. 16. 10. 68. Kl.: C 3.A. Int. Kl.: C 08b 3/22. A.-Z.: 6589/65.

SUP 224505 (Urheberschein). Verfahren zur Herstellung von thermostabilen Celluloseacetaten. Erf.: *E. P. Grišin, E. S. Golubeva, T. M. Kubaenko, V. I. Sidorov* u. *K. M. Černov*. Vladimirskij chimičeskij zavod. A. 1. 7. 66, B. 12. 8. 68. Kl.: 12o, 6. A.-Z.: 1088428/23–4.

Klasse 12 o, 14. Aromatische Carbonsäuren und Harzsäuren (teilweise)

JaP 16738/68. Diglykolester-Herstellung. Inh.: Nippon Soda Co. Ltd. A. 18. 1. 65, B. 15. 7. 68. Kl.: 16C.

SUP 223090 (Urheberschein). Verfahren zur Herstellung von Phthalsäuren. Erf.: *K. A. Červinskij, B. I. Zubko*. Anm.: Dnepropetrovskij chimiko-technologičeskij institut im. F. E. Dzeržinskogo. A. 6. 12. 66, B. 2. 8. 68. Kl.: 12o, 14. A.-Z.: 1116787/23–4.

Klasse 12 p, 5. Stickstoffringe der heterocyclischen Reihe mit einem Stickstoffatom. Sonstige Ringe mit einem Stickstoffatom . . .; Lactame . . . (teilweise)

USP 3401161. Herstellung von ε-Caprolactam. Erf.: *Jan van Westerveld* u. *Guillaume A. T. Sligchers*. Inh.: Stamicarbon N. V., Heerlen (Nd). A. 1. 11. 65, B. 10. 9. 68. Kl.: 260–239,3. 6 Anspr. A.-Z.: 505971. Prior.: 5. 11. 64 (Nd; A.-Z.: 6412868). Entspr. SzP 461497.

Klasse 29 a. Mechanische Gewinnung von Gespinstfasern

JaP 15597/68. Thermoplastische Hohlfäden. Inh.: Toyo Rayon K. K. A. 1. 11. 66, B. 1. 7. 68. A.-Z.: 71719/66.

JaP 16654/68. Vorrichtung zum Spinnen zusammengesetzter Fäden. Inh.: Kanegafuchi Boseki K. K. A. 2. 8. 65, B. 13. 7. 68. Kl.: 42A.

GBP 1131282 Zus. z. GBP 1114151. Textilfäden. Inh.: Monsanto Chemicals Ltd. A. 28. 10. 64, B. 23. 10. 68. Kl.: B 5.B. Int. Kl.: D 01d 5/00. A.-Z.: 43936/64. Entspr. FrP 90009.

DDP 63846. Verfahren zur Nachbehandlung von natürlichen und künstlichen Faserstoffen. Erf.: *Pal Greguss, Sandor B. Nagy, Janos Erdei* u. *Lajos Toth*. Inh.: Magyar Viscosa Gyar, Nyergesujfalu (Un). A. 16. 2. 67, B. 20. 9. 68 Kl.: 29a, 6/08. A.-Z.: AP 29a/122733. Prior.: 19. 2. 66 (Un: A.-Z.: Ma-1560). Entspr. FrP 1511917.

FrP 1538840. Pulverisiervorrichtung zum Schmälzen von Textilfäden, im allgemeinen mit reinen oder emulgierten Antistatika. Inh.: F. Giordani, A. 14. 9. 67, B. 13. 9. 68. Int. Kl.: D 01 g 29/00. A.-Z.: 120980 Prior.: 27. 9. 66 (It.; A.-Z.: 777445).

FrP 1538873. Verfahren und Vorrichtung zum kontinuierlichen Erwärmen von Faserkabeln aus synthetischen Polymeren hoher relativer Molekülmasse. Inh.: Farbwerke Hoechst AG vorm. Meister Lucius & Brüning. A. 22. 9. 67, B 13. 9. 68. Int. Kl.: D 02j. A.-Z.: 121866. Prior.: 23. 9. 66 (DB; A.-Z.: F 50271).

FrP 1540223. Verfahren und Vorrichtung zur kontinuierlichen Behandlung synthetischer linearer Hochpolymerer, besonders von Polyamidfäden. Inh.: VEB Chemiefaserkombinat Wilhelm-Pieck-Stadt Guben. A. 10. 10. 67, B. 25. 9. 68. Int. Kl.: D 02g u. D 02j. A.-Z.: 123921.

GBP 1130374. Vorrichtung zum Verstrecken oder Streckzwirnen von synthetischen Fäden. Inh.: Fielden Electronics Ltd. A. 13. 9. 65, B. 16. 10. 68. Kl.: D 1.D. Int. Kl.: D 01d 5/16. A.-Z.: 38968/65.

JaP 15579/68. Verfahren, um Fäden auf Spindeln zu leiten. Inh.: Toyo Rayon K. K. A. 21. 12 65, B. 1. 7. 68. Kl.: 42 A.

JaP 15582/68. Vorrichtung zur Behandlung von Fäden im gelockerten Zustand. Inh.: Toyo Rayon K. K. A. 25. 11. 65, B. 1. 7. 68. Kl.: 42A.

FrP 1537064. Zentrifugenextrusionsapparat und Einlageplatte sowie für diesen Apparat zu verwendende Spinndüse. Erf.: *E. Rottenbacher*, u. *E. Sassanelli*. Inh.: Snam Progetti. A. 10. 7. 67, B. 2. 9. 68. Int. Kl.: D 01d. A.-Z.: 113693. Prior.: 11. 7. 66 (It; A.-Z.: 773532 u. 773533).

GBP 1128001. Spinnkopf für das Schmelzspinnen von Fäden. Inh.: Onderzoekingsinstituut Research N. V. A. 4. 1. 66, B. 2. 10. 68. Kl.: B 5.B. Int. Kl.: D 01d 3/00, 5/08. A.-Z. 379/66. Prior.: 6. 1. 65 (Nd; A-Z.: 6500067).

SUP 224747 (Urheberschein) Vorrichtung zum Erspinnen von Chemiefaserstoff auf Spinnenmaschinen. Erf.: u. Anm.: *I. G. Šinko, S. P. Lipinskij, L. B. Finkel'štein, L. V. Eglit, L. V. Makarova, A. A. Nedumov* u. *G. N. Karpov*. A. 1. 3. 67, B. 12. 8. 68. Kl.: 29a, 6/11. A.-Z.: 1139667/28–12.

ČSP 128648. Filternetz zum Filtrieren von Lösungen und Schmelzen, insbesondere für die Herstellung von Faserstoffen. Erf.: *Dominik Lednický* u. *Milian Lipták*, A. 16. 3. 66, B. 15. 2. 68. Kl.: 29a, 6/30. Int, Kl.: D 01d. A.-Z.: 1755/66.

SzP 463010. Verfahren zur Herstellung eines aus gekräuselten Seiden bestehenden Stranges und Vorrichtung zur Durchführung des Verfahrens. Erf.: *Carl Edward* u. *Cooper William Kirchner Moseley*. Inh.: Fiber Industries Inc., P. O. Box 10038, Charlotte, N. C. (US). A. 12. 7. 66. Kl.: 29a, 6/20. A.-Z.: 786/67. Prior.: 12. 7. 65 (US; A.-Z.: 471318). Entspr. FrP 1486619, FrP 1486620. Vgl. auch SzP 453566.

USP 3399524. Verfahren zur Herstellung von Seide mit geringer Drehung. Erf.: *Takao Koizumi*. Inh.: Teijin Ltd., Osaka (Ja). A. 23. 7. 64, B. 3. 9. 68. Kl.: 57–157. 3 Anspr. A.-Z.: 384799. Prior.: 9. 8. 63 u. 23. 6. 64 (Ja; A.-Z.: 38/42287 u. 39/35442).

DAS 1271308. Heizvorrichtung zum Erwärmen und Fortbewegen von künstlichen Fäden oder Folien. Erf.: *André Benoit de la Bretoniere*. Anm.: N. V. Onderzoekingsinstituut Research, Arnheim (Nd). A. 1. 11. 63, B. 27. 6. 68. Kl.: 29a, 6/31. A.-Z.: P 12 71 308. 5– 26 (N 22618) Prior.: 12. 1. 62 (Nd; A.-Z.: 273488).

JaP 16680/68. Gekräuselte Spaltfäden. Inh.: High Polymer Fabrication Research Lab. K. K. A. 6. 1. 66, B. 13. 7. 68.

Klasse 29 b. Chemische Gewinnung bzw. Herstellung von Spinnfasern und Fäden sowie ihre Präparation für die textile Weiterverarbeitung

FrP 1539174. Verfahren zur Herstellung von Fäden und ähnlichen Produkten aus Kollagenfasern. Erf. u. Inh.: *H. Sato. A.* 3. 8. 67, B. 19. 9. 68. Int. Kl.: C 14 b u. D 02g. A.-Z.: 116734.

GBP 1128184. Verstärkte Celluloseacetatseide. Inh.: R. Torsellini. A. 5. 1. 67, B. 2. 10. 68. Kl.: B 5.B. Int. Kl.: D 01d 7/00. A.-Z.: 734/67. Prior.: 15. 1. 66 (It; A.-Z.: 737). Entspr. FrP 1507530,

JaP 16668/68. Verhütung der Gelbildung bei Copolyamidfaserstoffen. Inh.: Kanegafuchi Spinning Co. Ltd. A. 1. 6. 66, B. 13. 7. 68.

USP 3399108 Zus. z. Pat. m. A.-Z.: 335187, 202611 u. 132449. A. 2. 1. 64, 14. 6. 62 u. 18. 8. 61. Kräuselbarer, zusammengesetzter Polyamidfaden und ein Gewirke daraus. Erf.: *Earl Herbert Olson*. Inh. E. I. du Pont de Nemours and Co., Wilmington, Del. A. 18. 6. 65, B. 27. 8. 68. Kl.: 161–173. 13 Anspr. A.-Z.: 465121. Entspr. FrP 89390 u. GBP 1079790.

FrP 91836 Zus. z. Pat. 1257522. Verfahren zur Herstellung von Harzprodukten aus synthetischen Polymeren, die besonders zur Erzeugung von Textilfäden geeignet sind. Erf.: *A. Bonvicini* u. *G. Cantatore*. Inh.: Montecatini Edison S. p. A. u. Société Montecatini Soc. Gen. per l'Industria Mineraria e Chimica. A. 9. 2. 67, B. 27. 8. 68. Int. Kl.: C 08g 33/00, C 08f u. D 01f. A.-Z.: 94304. Prior.: 11. 2. 66 (It; A.-Z.: 3087/66). Entspr. GBP 1104059.

DDP 63850. Verfahren zur Veredelung von Fasern aus Polyvinylchlorid. Erf.: *Romano Curti*. Inh.: A. C. S. A. Applicazioni Chimiche S. p. A., Mailand (It). A. 7. 9. 67, B. 20. 9. 68. Kl.: 29b, 5/04. A.-Z.: AP 29b/127069. Prior.: 8. 9. 66 (It; A.-Z.: 776269).

JaP 16667/68. Unverstreckter, schmelzgesponnener Copolyamidfaden. Inh.: Kanegafuchi Spinning Co. Ltd. A. 18. 4. 66, B. 13. 7. 68.

SzP 462465. Verfahren zur Herstellung von Polyamiden. Erf.: *Karl-Heinz Hermann* u. *Hermann Schnell*. Inh.: Farbenfabriken Bayer AG, Leverkusen (DB). A. 13. 10. 65. Kl.: 39c, 10. A.-Z.: 14095/65. Prior.: 10. 12. 64 (DB; A.-Z.: F 44663 IVd/39c). Entspr. FrP 1457827.

Klasse 32 a, 37/00. Herstellung von Fasern oder Fäden aus flüssigem Glas, flüssigen Mineralien oder flüssiger Schlacke

ČSP 128738. Schmelzofen zur Herstellung von Mineralfaserstoffen. Erf.: *Ivo Wohlrab, Josef Langr* u. *Jaroslav Borkovec*. A. 4. 10. 66, B. 15. 2. 68. Kl.: 32a, 37/00. Int. Kl.: C 03b. A.-Z.: 6329/66.

JaP 11835/68. Herstellung von flexiblen Glasseidensträngen. Inh.: Owens Corning Fiberglas Corp. A. 15. 5. 65, B. 18. 5. 68. Kl.: 42A.

Klasse 39 b. Verarbeiten von plastischen Massen, Kautschuk und hornartigen Stoffen, soweit nicht anderweitig vorgesehen (chemischer Teil), auch von Brems- und Schleifmassen sowie thermischen und akustischen Isoliermassen (teilweise)

ČSP 128748. Verfahren und Vorrichtung zur Herstellung von Isolierfaserstoffen und Vliesen aus Schlacken oder/und anderen Mineralien. Erf.: *Moroslav Kubala* u. *Vaclac Chalupa*. A. 28. 10. 66, B. 15. 2. 68. Kl.: 32a, 37/06. Int. Kl.: C 03b. A.-Z.: 6871/66.

USP 3361710. Stabilisierung von Kunststoffen mit einem Metallsalz einer Schiffschen Base. Erf.: *Allen K. Sparks*. Inh.: Universal Oil Products Co., Des Plaines, Ill. A. 4. 8. 66, B. 2. 1. 68. Kl.: 260–45,75. 8 Anspr. A.-Z.: 570161.

JaP 18613/68. Ausschaltung der Vergilbung Inh.: Toyo Rayon Co. Ltd. A. 25. 1. 65, B. 12. 8. 68. A.-Z.: 3583/65.

USP 3399167. Mit Dialkylsemicarbaziden oder Dialkylcarbazinsäureestern stabilisierte Polyurethane. Erf.: *Friedrich Karl Rosendahl, Heinrich Rinke* u. *Harald Oertel*. Inh.: Farbenfabriken Bayer AG, Leberkusen (DB). A. 14. 3. 64, B. 27. 8. 68. Kl.: 260–45,8. 7 Anspr. A.-Z.: 367589. Prior.: 17. 5. 63 (DB; A.-Z.: F 39769, DAS 1184947). Entspr. FrP 1400651.

DDP 64145. Verfahren zur Herstellung verformbarer Massen aus Acrylnitril-Copolymerisaten und Dimethylformamid mit hohem Feststoffgehalt. Erf. u. Inh.: *Volker Gröbe*, Teltow, *Gerhard Mann*, Kleinmachnow, *Paul Klug* u. *Werner Zibell*, Teltow. A. 13. 12. 67, B. 5. 10. 68. Kl.: 39b, 22/06. A.-Z.: WP 39b/128922.

FrP 1539625. Neues Verfahren zur Stabilisierung von Vinylharzen und Vinylcopolymeren. Inh.: C. Sena Lazcano. A. 25. 7. 66, B. 25. 9. 68. Int. Kl.: C 08f. A.-Z.: 70622. Prior.: 24. 7. 65 (Sp; A.-Z.: 315793).

JaP 16286/68. Polyolefinkomposition. Inh.: Asahi Denka Ind. Co. Ltd. A. 10. 3. 65, B. 9. 7. 68. A.-Z.: 13690/65.

JaP 16396/68. Polypropylenstabilisierung. Inh.: Mitsubishi Rayon Co. Ltd. A. 16. 2. 66, B. 10. 7. 68. A.-Z.: 8832/66.

SUP 223310 (Urheberschein). Verfahren zur Herstellung von Polymer/Monomer-Mischungen auf der Basis von Polyvinylchlorid. Erf.: *O. K. Koševoj, K. A. Kornev, G. G. Kanter, A. N. Čirišev, Ju. A. Jakovčuk, K. K. Chomenkova*. A. 8. 12. 66, B. 2. 8. 68. Kl.: 39b, 22/06. A.-Z.: 1118278/23–5.

ČSP 128381. Verfahren zur Erniedrigung der Viskosität von Pasten auf der Basis von Polyvinylchlorid. Erf.: *František Ponižil*. A. 6. 10. 66, B. 15. 1. 68. Kl.: 39b, 22/06. Int. Kl.: C 08f. A.-Z.: 6375/66.

USP 3399251 Zus. z. Pat. m. A.-Z.: 375328. A. 15. 6. 64. Alkylbenzyladdukte von mit kristallinen Polyolefinen gemischten Polyäthylenimin. Erf.: *Robert Miller, Milton Farber* u. *Frederick C. Loveless*. Inh.: Uniroyal, Inc. A. 1. 2. 66, B. 27. 8. 68. Kl.: 260–897. 7 Anspr. A.-Z.: 523910. Entspr. FrP 91789 u. GBP 1118685.

GBP 1127703 Zus. z. GBP 1045564. Färben von linearen Polyestern in Masse. Inh.: Imperial Chemical Industries Ltd. A. 8. 3. 66, B. 18. 9. 68. Kl.: C 3.R. Int. Kl.: C 08g 39/04, 51/66. A.-Z.: 10100/66.

SzP 463108. Verfahren zur Herstellung von geformten Gebilden. Erf.: *Paul Rudolf Avis* u. *Jurrianus Bekoovy*. Inh.: Shell Internationale Research Maatschappij N. V., Carel van Bylandtlaan 30, Den Haag (Nd). A. 12. 4. 66. Kl.: 39b, 22/10 (39c, 30). A.-Z.: 5236/66. Prior.: 13. 4. 65 (Nd; A.-Z.: 6504681).

Klasse 39c. Herstellen von Kunstharzen

USP 3399168. Verbesserung der Verarbeitbarkeit makromolekularer Formaldehydpolymerer mit Amin/Amid-Stabilisatoren. Erf.: *Johannes J. M. Evers* u. *Harmannus Bos*. Inh.: Stamicarbon N. V., Heerlen (Nd). A. 28. 6. 63, B. 27. 8. 68. Kl.: 260–45,9. 8 Anspr. A.-Z.: 291243. Prior.: 3. 7. 62 (Nd; A.-Z.: 280493). Entspr. DAS 1246235, SzP 426261, FrP 1361246 u. GBP 1031489.

GBP 1128615. Feuerhemmende Polyurethane. Inh.: Albright & Wilson (MFG.) Ltd. A. 15. 4. 65, B. 2. 10. 68. Kl.: C3.R. Int. Kl.: C08g 21/02. A.-Z.: 16298/65. Entspr. FrP 1455937.

USP 3361844. Polyurethan/Polyharnstoff-Produkt und Verfahren zu seiner Herstellung. Erf.: *Guenther Kurt Hoeschele*. Inh.: E. I. du Pont de Nemours and Co., Wilmington, Del. A. 14. 12. 64, B. 2. 1. 68. Kl.: 260 bis 858. 15 Anspr. A.-Z.: 418257. Entspr. FrP 1459585 u. GBP 1115788.

GBP 1129456. Herstellung von Polymeren. Inh.: Snia Viscosa Soc. Nazionale Industria Applicazioni Viscosa S. p. A. A. 27. 10. 65, B. 9. 10. 68. Kl.: C 3.R. Int. Kl.: C 08g 19/00. A.-Z.: 45473/65. Prior.: 30. 10. 64 (It; A.-Z.: 23346).

JaP 15634/68. Poly-3,5-(4)-oxaheptamethylen-4-amino-1,2,4-triazol. Inh.: Asahi Kasei Kogyo K. K. A. 23. 3. 64, B. 1. 7. 68. A.-Z.: 15681/64.

USP 3398164. Polyamide aus 1,4-Bis-(β-aminoäthyl)-benzol und fraktionierten polymeren Fettsäuren. Erf.: *Edgar R. Rogier*. Inh.: General Mills, Inc. A. 2. 7. 63, B. 20. 8. 68. Kl.: 260–404,5. 5 Anspr. A.-Z.: 292446.

SUP 223317 (Urheberschein). Verfahren zur Herstellung von Polymeren. Erf.: *L. G. Makeeva, A. I. Finkel'štejn, V. S. Burjak, N. V. Spiridonova, G. V. Derevenskich*. Anm.: Vsesojuznyj naučno-issledovatel'skij i proektnyj institut monomerov und Dzeržinskij filial gosudarstvennogo naučno-issledovatel'skogo i proektnogo instituty atzenoj promyšlennosti i produktov organičeskogo sinteza. A. 6. 3. 67, B. 2. 8. 68. Kl.: 39c, 12/10. A.-Z.: 1138065/23–5.

DAS 1272540. Verfahren zur Polymerisation von Diisocyanaten mit aliphatischen NCO-Gruppen. Erf.: *Gerhard Grögler* u. *Erwin Windemuth*. Anm.: Farbenfabriken Bayer AG, 5090 Leverkusen. A. 11. 11. 65, B. 11. 7. 68. Kl.: 39c, 15. A.-Z.: P 12 72 540. 5–44 (F 47642).

DAS 1271987. Verfahren von faser- und filmbildenden Polyestern. Erf.: *Walter Koller*. Anm.: Farbwerke Hoechst AG vorm. Meister Lucius & Brüning, Frankfurt. A. 18. 7. 64, B. 4. 7. 68. Kl.: 39c, 16. A.-Z.: P 12 71987. 8–44 (F 43486). Entspr. FrP 1441099 u. GBP 1074225.

OeP 267877. Verfahren zur Herstellung von faser- und filmbildenden Polyestern. Erf.: *Gerhard Hofinger*. Inh.: Chemiefaser Lenzing AG, Lehzing (OÖ). A. 22. 12. 66, B. 15. 4. 68. Kl.: 39b, 22. A.-Z.: 11765/66.

OeP 268682. Verfahren zur Herstellung von neuen Copolyestern. Erf.: *Josef Hrach, Dominik Mach, Gottfried Morawetz* u. *Winfried Zeschmar*. Inh.: Alpine Chemische AG, Kufstein (Tirol). A. 10. 10. 66, B. 15. 5. 68. Kl.: 39b, 22. A.-Z.: 9476/6.

GBP 1129424. Bestrahlungsbehandlung, um Polyester für eine bleibende Farbstoffretention geeignet zu machen. Inh.: Atomic Energy of Canada Ltd. A. 5. 6. 67, B. 2. 10. 68. Kl.: C3.G. Int. Kl.: C 08f 25/00. A.-Z.: 25775/67. Prior.: 23. 2. 67 (Ca; A.-Z.: 983592).

SUP 223319 (Urheberschein). Verfahren zur Herstellung von Polycarbonaten. Erf.: *A. I. Semenova, L. D. Percov, S. F. Kalinkin, G. S. Kolesnikov, O. V. Smirnova, A. K. Mikitaev, N. I. Kucenko*. Anm.: Moskovskij chimiko-technologičeskij institut im. D. I. Mendeleeva. A. 20. 4. 67, B. 2. 8. 68. Kl.: 39c, 16. A.-Z.: 1149982/23–5.

USP 3398120. Polyester aus Disäurehalogenid, Alkylbisphenol und Glykol. Erf.: *Raymond R. Hindersinn* u. *Edward J. Quinn*. Inh.: Hocker Chemical Corp., Niagara Falls. N.Y. A. 16. 7. 63, B. 20. 8. 68. Kl.: 260–47. 8 Anspr. A.-Z.: 295504.

DAS 1271399. Verfahren zur Herstellung von Copolymerisaten von N-Vinylamiden. Erf.: *Josef Walter* u. *Claus Beermann*. Anm.: Farbwerke Hoechst AG vorm. Meister Lucius & Brüning, 6000 Frankfurt. A. 18.12.64 B. 27. 6. 68. Kl.: 39c, 25/01. A.-Z.: P 12 71 399. 4–44 (F 44749).

DAS 1271403. Verfahren zur Herstellung von für die Bereitung von Plastisolen geeigneten Vinylchloridpolymerisaten. Erf.: *Gianni Benetta, Valerio Bresquar, Giorgio Gatta* u. *Francesco Testa*. Anm.: Società Edison, Mailand (It). A. 1. 2. 63, B. 27. 6. 68. Kl.: 39c, 25/01. A.-Z.: P 12 71 403. 3–44 (St 83556). Prior.: 19. 2. 62 (It; A.-Z.: 20647 u. 28227).

OeP 267859. Verfahren zur Polymerisation von Vinylchlorid. Erf.: *Giancarlo Borsini, Francesco Visani* u. *Guidobaldo Cevidalli*. Inh.: Società Edison, Mailand. A. 29. 11. 65, B. 15. 4. 68. Kl.: 39b, 14. A.-Z.: 10728/65. Prior.: 3. 12. 64 (It).

OeP 267863. Verfahren zur Herstellung polymerer Materialien. Erf.: *Giancarlo Borsini, Mario Modena, Carlo Nicora* u. *Mario Ragazzini*. Inh.: Montecatini Edison S. p. A., Mailand. A. 30. 9. 66, B. 15. 4. 68. Kl.: 39b, 14. A.-Z.: 9193/66. Prior.: 4. 10. 65 (It).

FrP 1529027. Olefincopolymere und Verfahren zu ihrer Herstellung. Erf.: *A. Valvassori, G. Sartori* u. *N. Cameli*. Inh.: Montecatini Edison S. p. A. A. 14. 6. 67, B. 14. 6. 68. Int. Kl.: C 08f. A.-Z.: 110311. Prior.: 17. 6. 66 (It; A.-Z.: 13897/66).

FrP 1529318. Verfahren zur Herstellung von Kompositionen, die Titantrichlorid enthalten und Polymerisationsverfahren für ungesättigte Kohlenwasserstoffe vom Äthylentyp. Benutzung dieser Kompositionen als Katalysatorbestandteil. Inh.: Shell Internationale Research Maatschappij N. V. A. 28. 6. 67, B. 14. 6. 68. Int. Kl.: C 08f. A.-Z.: 112182. Prior.: 30. 6. 66 (Nd; A.-Z.: 6609092). Entspr. GBP 1120079.

GBP 1128590 Zus. z. GBP 1076322. Verfahren zur Polymerisation von α-Olefinen. Inh.: Montecatini Edison. S. p. A. A. 12. 9. 67, B. 2. 10. 68. Kl.: C 3.P. Int. Kl.: C 08f 1/66. A.-Z.: 41494/67. Prior.: 14. 9. 66 (It; A.-Z.: 21079).

GBP 1130316. Kontrollierter Zusatz von Redox-Katalysatoren bei Polymerisationen von Vinylmonomeren. Inh.: Dow Chemical Co. A. 21. 2. 66, B. 16. 10. 68. Kl.: C 3.P. Int. Kl.: C 08f 1/62. A.-Z.: 7535/66.

GBP 1131388. Verfahren zur Polymerisation von Vinylverbindungen. Inh.: A. C. S. A. – Applicazioni Chimiche S. p. A. A. 26. 7. 67, B. 23. 10. 68. Kl.: C 3.P. Int. Kl.: C 08f 1/56, 3/30. A.-Z.: 34335/57. Prior.: 10. 8. 66 (It; A.-Z.: 774729).

JaP 17981/68. Propylenblockcopolymeres. Inh.: Toyo Rayon Co. Ltd. A. 30. 3. 65, B. 30. 7. 68. A.-Z.: 17988/65.

JaP 18712/68. Copolymeres einer substituierten konjugierten Vinylverbindung mit einer ungesättigten Verbindung. Inh.: Sumitomo Chem. Co. Ltd. A. 30. 7. 65, B. 14. 8. 68. Kl.: 26B.

SUP 224060 (Urheberschein). Verfahren zur Herstellung von synthetischen Polymeren. Erf.: *G. N. Petrov, G. F. Lisočkin, V. P. Šmagin, O. M. Šibanova*. Anm.: Vsesojuznyj naučno-issledovatel'skij institut sintetičeskogo kaučuka im. Akad. S. V. Lebedeva. A. 4. 11. 64, B. 6. 8. 68. Kl.: 39c, 25/01 (39c, 25/05). A.-Z.: 928612/23–5.

SUP 224061 (Urheberschein). Verfahren zur Herstellung von Polymeren aus Methacrylsäureestern. Erf.: *N. P. Emel'janov, L. V. Naumova, Ju. G. Egiazarov*. Anm.: Institut fiziko-organičeskoj chimii AN Belorusskoj SSR. A. 20. 5. 67, B. 6. 8. 68. Kl.: 39c, 25/01. A.-Z.: 1158467/23–5.

USP 3361731. Verfahren zur Polymerisation monoolefinisch ungesättigter Verbindungen mit Aluminiumoxyhalogenid als Katalysator. Erf.: *Junji Furukawa, Takeo Saegusa* u. *Hirosuke Imai*. Inh.: Nippon Oil Co., Ltd., Tokio (Ja). A. 14. 8. 64, B. 2. 1. 68. Kl.: 260–91,1. 8 Anspr. A.-Z.: 389796. Prior.: 19. 8. 63 (Ja; A.-Z.: 38/44250). Entspr. DAS 1242368.

USP 3398131. Homopolymerisation von Äthylen zur Herstellung fester und flüssiger Polymerer. Erf.: *Herman S. Bloch* u. *Ernest L. Pollitzer*. Inh.: Universal Oil Products Co., Des Plaines, Ill. A. 22. 4. 64, B. 20. 8. 68. Kl.: 260–94,9. 13 Anspr. A.-Z.: 361886. Entspr. SzP 444489. u. FrP 1444762.

USP 3399184. Verfahren zur Herstellung von Hochpolymeren von α-Olefinen und eine Katalysatorkomposition hierfür. Erf.: *Keiichi Azuma* u. *Kaiji Yokokawa*. Inh.: Tokuyama Soda Kabushiki Kaisha, Tokuyama-shi, Yamaguchi-ken (Ja). A. 9. 4. 65, B. 27. 8. 68. Kl.: 260–93,7. 6 Anspr. A.-Z.: 446839. Prior.: 13. 4. 64 u. 21. 5. 64 (Ja; A.-Z.: 39/20583 u. 39/28329. A.-Z.: 20583/64. JaP 13048/68.

SzP 462472. Verfahren zur Herstellung eines carboxylgruppenfreie und Carboxylgruppen aufweisende Oxidfluormethylen-Polymere enthaltenden, Gemisches. Erf.: *Franco Gozzo* u. *Giorgio Carraro*. Inh.: Società Edison: Foro Bonaparte 31, Mailand (It). A. 30. 12. 64. Kl.: 39c, 30. A.-Z.: 16810/64. Prior.: 2. 1. 64 (It; A.-Z.: 5/64). Entspr. GBP 1097679.

FrP 1537922. Derivate von Äthern und perfluorierten Polyäthern. Erf.: *D. Sianesi, R. Fontanelli* u. *G. Caporiccio*. Inh.: Montecatini Edison. S. p. A. A. 20. 7. 67, B. 7. 9. 68. Int. Kl.: C 07c u. C 08g 23/00. A.-Z.: 114971. Prior.: 22. 7. 66 u. 16. 12. 66 (It; A.-Z.: 16953 u. 31193/66).

SUP 224071 (Urheberschein). Verfahren zur Herstellung von fluororganischen Polyestern der Phosphorsäure. Erf.: *V. N. Šarev, Ú. A. Bartašjev, A. L. Klebanskij, E. I. Sokolov, T. D. Baljasnikova, G. L. Černjavskaja, T. I. Saratovkina*. Anm.: Vsesojuznyj naučno-issledovatel'skij institut sintetičeskogo kaučuka im. Akad. S. V. Lebedeva. A. 13. 3. 67, B. 6. 8. 68. Kl.*r* 39c, 30. A.-Z.: 1139413/23–5.

Klasse 42k, 50. Verfahren, Vorrichtungen und Maschinen zum Prüfen von Fasern, Fäden, Garnen, Geweben auf ihre mechanischen und Festigkeitseigenschaften, auf Spannungen, mechanische Unregelmäßigkeiten, Drall (Drehung), Porosität

DDP 64159. Vorrichtung zum Messen der Reibung und der elektrostatischen Aufladung und Entladung an fortlaufend bewegten Fäden. Erf. u. Inh.: *Otto Lochmüller* u. *Karl Schmauder*, Rudolstadt/Thür. A. 4. 12. 67, B. 5. 10. 68. Kl.: 42k, 50. A.-Z.: WP 42k/128715).

SUP 224131 (Urheberschein). Gerät zur Bestimmung der Beständigkeit von Kapronstrümpfen gegen das Auftreten von Ziehstellen. Erf.: *M. M. Šelkovnikova, Z. A. Torkunova, A. S. Beldyrev, L. A. Starceva, L. V. Smirnova, G. A. Kuligin, L. S. Srvelev, V. S. Pomazova, O. V. Žochovskij, V. G. Astešev* u. *V. E. Grunin*. Anm.: Vsesojuznyj naučno-issledovatel'skoj institut trikotažnoj promyšlennosti i central'noe proektnokonstruktorskoe i technologičeskoe bjuro. A. 17. 2. 67, B. 6. 8. 68. Kl.: 42k, 50 (25a, 29). A.-Z.: 1134059/28–12.

SUP 224872 (Urheberschein). Gerät zur Prüfung von Textilmaterialien auf Relaxation. Erf.: *V. G. Tiranov, A. M. Stalevič, K. Ch. Lazaridi, L. A. Vol'f, I. V. Dvoreckij*. Anm.: Leningradskij institut tekstil'noj i legkoj promyšlennosti im. S. M. Kirova. A. 27. 3. 67, B. 12. 8. 68. Kl.: 42k, 50. A.-Z.: 1143910/28–12.

USP 3398575. Hochleistungs-Spannungsmeßgerät. Erf. u. Inh.: *Erwin, J. Saxl* Harvard, Mass. 01451. A. 3. 1. 66, B. 27. 8. 68. Kl.: 73–144. 1 Anspr. A.-Z.: 518317.

SUP 224875 (Urheberschein). Unter Einbez. der Anm. Nr. 133252. Gerät zur Prüfung von Fäden. Erf.: *V. V. Faerman, V. T. Korzin, V. V. Dronnikov, A. S. Aleksandrov, G. N. Skačkova, M. Ja. Gorfinkel'*. Anm.: Kalininskij naučno-issledovatel'skij institut tekstil'noj promyšlennosti. A. 27. 1. 66, B. 12. 8. 68. Kl.: 42k, 50. A.-Z.: 1053628/28–12.

Klasse 55b. Verfahren zur Herstellung von Zellstoff, Zellstoffkocher, Wiedergewinnung der Ablaugen und Abgase

OeP 268862. Verfahren zur Kontrolle und Steuerung des Aufschlußvorganges in Zellstoffkochern. Erf. u. Inh.: *Heinz Zak* u. *Norbert Meindl*. A. 11. 7. 66, B. 15. 5. 68. Kl.: 55c, 1/10. A.-Z.: 6606/66.

OeP 268039. Brennkammer zur Verbrennung von Sulfitzellstoffablaugen. Erf.: *Alfred Kann, Roman Füchsel* u. *Rüdiger Hornke*. Inh.: Lenzinger Zellulose- und Papierfabrik AG, Lenzing (OÖ). A. 20. 9. 66, B. 15. 4. 68. Kl.: 55c, 5/01. A.-Z.: 8828/66.

OeP 268863. Verfahren zum Behandeln einer organische und anorganische Stoffe enthaltenden Ablauge. Inh.: Container Corp. of America, Chicago (US). A. 6. 12. 63, B. 15. 5. 68. Kl.: 55c, 5/01. A.-Z.: 9799/63.

JaP 15565/68. Na-sulfit enthaltende Kochlauge. Inh.: Metallgesellschaft AG. A. 20. 5. 66, B. 1. 7. 68. Kl.: 39A.

Faserforschung und Textiltechnik 20 (1969) Heft 5
255

Literaturschau

Auszug aus Lieferung 3 und 4/1969 der Referatekartei „Faserstoffe und Textiltechnik“, zusammengestellt von der Abteilung Wissenschaftliches Berichtswesen des Instituts für Faserstoff-Forschung der DAW, 153 Teltow-Seehof, Kantstr. 55

I. Wissenschaftliche Grundlagen

Allgemeines

(Untersuchungsmethoden u. a.)

Behounková, A., Čejka, F.: Analyse der Verfahren zur Bewertung der Effektivität von Forschungs- und Entwicklungsarbeiten. Chem. Prüm., Praha (Chem. Ind.) **18(43)** (1968) 10, S. 517–521.

Benátský, M.: Automatische Fraktionssammler für die Säulenchromatographie. Chem. Listy, Praha (Chem. Bl.) **62** (1968) 12, S. 1470–1476.

Gabert, A., Seide, H., Langhammer, G.: Zur Kenntnis des Gelfiltrationsprozesses: Untersuchungen der Trennleistung von Dextrangelen in Abhängigkeit von ihren Herstellungsbedingungen. J. Polymer Sci., C: Polymer Symposia (1968) 16(6), S. 3547–3555 (dt.).

Voronel', A. V., Garber, S. R., Mamnickij, V. M.: Über quantitative Charakteristiken der Besonderheit der Wärmekapazität im Umwandlungspunkt der Phasenübergänge 2. Ordnung. Ž. eksp. teoret. Fiziki (Z. experim. theoret. Physik) **55** (1968) 6(12), S. 2017–2030.

Mikulinskij, M. A.: Einfluß der Heterogenität der Probe auf einen Phasenübergang 2. Ordnung. Ž. eksp. teoret. Fiziki (Z. experim. theoret. Physik) **55** (1968) 6(12) S. 2376–2385.

Dietz, S.: Die Massenspektrometrie in der organischen Chemie. Chem. Technik **21** (1969) 1, S. 35–43.

Physik und Chemie der Hochpolymeren

Siegel, H., Veal, D. C., McMullen, D. A.: Polymerforschung und -technologie. Ein auf Rechenmaschinen aufgebauter Informationsdienst. J. Polymer Sci., C: Polymer Symposia (1968) 25, S. 191–196.

Graessley, W. W., Prontice, J. S.: Viskosität und Normalspannungen in verzweigten polydispersen Polymeren. J. Polymer Sci., A–2: Polymer Physics **6** (1968) 11, S. 1887–1902.

Meyerhoff, G.: Ein automatisches Viskosimeter zur Flüssigkeitschromatographie. Makromol. Chemie **118** (1968) S. 265–271.

Košeleva, I. M., Kusakov, M. M.: Über die Anwendung osmotischer Membranen bei der Bestimmung des Zahlenmittels der relativen Molekülmasse von Polymeren mit Hilfe der dynamischen Methode. Vysokomol. Soed. (Hochmol. Verbind.) **10A** (1968) 12, S. 2801–2809.

Riek, R. F., McAvoy, Th. J., Chappelear, David C.: Diffusion in Polymer/Lösungsmittel-Systemen. Eine Untersuchung numerischer Simulationsverfahren. J. Polymer Sci., A-2: Polymer Physics **6** (1968) 11, S. 1863 bis 1886.

Bryce, W. A. J., Meldrum, I. G.: Bestimmung der Verteilung der relativen Molekülmassen durch Trübungstitration. J. Polymer Sci., C: Polymer Symposia (1968) 16(6), S. 3321–3335.

Aslanyan, V. M.: Einfluß der Kettenlänge auf die optische Aktivität von Polymeren mit schraubenförmiger Konformation. J. Polymer Sci., C: Polymer Symposia (1968) 16(6), S. 3145–3150.

Cvetkov, V. N., Griščenko, A. E. (Schreibw. i. Orig.: *Tsvetkov, V. N., Grisbchenko, A. E.*): Spannungsdoppelbrechung und optische Anisotropie der Makromoleküle in gequollenen Polymeren. J. Polymer Sci., C: Polymer Symposia (1968) 16(6), S. 3195–3204.

Buck, Warren L., Thomas, Bruce R., Weinrob, Arye: Optische Eigenschaften von Polyesterfilmen im fernen Ultraviolett. J. chem. Physics **48** (1968) 2, S. 549–554.

Levdik, I. Ju., Nikitin, V. N.: Bestimmung des Grades der Mercerisierung von Cellulose mittels IR-Spektroskopie. Cellulose Chem. Technology, Jassy/Rum. **2** (1968) 3, S. 259–268 (russ.).

Dehl, R. E.: Breitlinien-KMR-Untersuchung von H_2O und D_2O in orientiertem Viskosefaserstoff. J. chem. Physics **48** (1968) 2, S. 831–835.

Strazielle, C.: Untersuchung der Heterogenitäten in Polyoxyäthylenlösungen durch Lichtstreuung. Makromol. Chemie **119** (1968) S. 50–63 (franz.).

Azzola, F. K.: Elektronenmikroskopische Untersuchungen über Veränderungen von PVC-Faseroberflächen durch Tempern. Chemiefasern **19** (1969) 1, S. 40–41.

Fischer, E. W., Goddar, H., Schmidt, G. F.: Röntgenkleinwinkeluntersuchungen zur Struktur der fehlgeordneten Bereiche in verstrecktem Polyäthylen. Teil II. Messungen an kontrastierten Proben. Makromol. Chemie **119** (1968) S. 170–183.

Katayama, K., Amano, T., Nakamura, K.: Strukturbildung während des Schmelzspinnprozesses. Kolloid-Z./Z. Polymere **226** (1968) 2, S. 125 bis 134 (engl.).

Statton, W. O.: Kristallographische Untersuchungen von synthetischen Faserstoffen. Z. Kristallogr. **127** (1968) 1/4, S. 229–260 (engl.).

Nikonovič, G. V., Burchanova, N. D., Leont'eva, S. A., Usmanov, Ch. U.: Untersuchung der übermolekularen Struktur von Regeneratcellulosecord. Cellulose Chem. Technology, Jassy/Rum. **2** (1968) 3, S. 231–257 (russ.).

Stern, P. G., Segerman, E.: Über die Struktur von Polypropylenfaserstoffen. Polymer, London **9** (1968) 9, S. 471–477.

Sacher, E.: Feinstruktur bei der dielektrischen Relaxation von Polyäthylenterephthalat. J. Polymer Sci., A–2: Polymer Physics **6** (1968) 11, S. 1[illegible]5–1937.

Wolfram, E., Nagy, M.: Strukturaufklärung von wäßrigen Polyvinylalkohollösungen aus viskosimetrischen Messungen. Kolloid-Z./Z. Polymere **227** (1968) 1/2, S. 86–92.

Turska, E., Przygocki, W., Maslowski, M.: Kristallisationskinetik von Polycarbonaten. I. J. Polymer Sci., C: Polymer Symposia (1968) 16(6), S. 3373 bis 3377.

Baccaredda, M., Butta, E., Frosini, V., Magagnini, P., Andruzzi, F.: Molekularbewegung im Poly-α-methylstyrol. J. Polymer Sci., C: Polymer Symposia (1968) 16(6), S. 3581–3590.

Malinskij, Ju. M.: Relaxation und Strukturierung in dünnen polymeren Zwischenschichten. Vysokomol. Soed. (Hochmol. Verbind.) **10A** (1968) 12, S. 2662–2668.

Klein, J., Patat, F.: Zur Theorie der Phasentrennung im Ternären System Polymer/Lösungsmittel/Fällungsmittel. J. Polymer Sci., C: Polymer Symposia (1968) 16(6), S. 3565–3573.

Ciriacks, J. A., Williams, D. G.: Ein Happel-Fließmodell. Strömungs-Stromstärke-Beziehung zur Bestimmung des ζ-Potentials von zylindrischen Fasern. J. colloid interface Sci. **26** (1968) 4, S. 446–456.

Agostini, M., Lebel, P.: Einfluß der Morphologie der Komponenten im festen Zustand auf das physikalisch-mechanische Verhalten von Pfropfcopolymeren. System: Styrol/Maleinsäureanhydrid-Copolymeres und Polyäthylacrylat. J. Polymer Sci., C: Polymer Symposia (1968) 16(6), S. 3349 bis 3364 (franz.).

Kul'man, R. A., Vlodavec, I. N., Eterman, A. I., Nikulina, T. F.: Über die Oberflächeneigenschaften von Polyvinylformalen. Kolloid. Ž., Moskva **30** (1968) 6, S. 860–862.

Bowden, O. B.: Der Elastizitätsmodul eines amorphen glasartigen Polymeren. Polymer, London **9** (1968) 9, S. 449–454.

Stachurski, Z. H., Ward, I. M.: β-Relaxationen in Polyäthylenen und deren Anisotropie. J. Polymer Sci., A–2: Polymer Physics **6** (1968) 11, S. 1817 bis 1833.

Sheppard, E., Tcheurekdjian, N.: Untersuchungen an monomolekularen Schichten. III. Spreitung von Polystyrollatices an Wasser/Luft-Grenzflächen. Kolloid-Z./Z. Polymere **225** (1968) 2, S. 162–163 (engl.).

Romanov, A.: Dynamisch-mechanische Eigenschaften von Hybriden auf der Basis von ataktischem Polypropylen, Polystyrol und Polymethylmethacrylat. Polymer, London **9** (1968) 9, S. 455–460.

Robertson, R. E., Joynson, C. W.: Scherung von orientiertem Polyäthylen und Polypropylen. J. Polymer Sci., A–2: Polymer Physics **6** (1968) 9, S. 1673–1682.

Roig, A., Horta, A.: Dipolmomente von stereoregulären Polymethylmethacrylat in Lösung. J. Polymer Sci., C: Polymer Symposia (1968) 16(6), S. 3501–3507.

Kojima, M.: Tempern von lamellaren Polypropylenkristallen. J. Polymer Sci., A–2: Polymer Physics **6** (1968) 11, S. 1938–1942.

Hellwege, K.-H., Hoffmann, R., Knappe, W.: Wärmeleitung in Polyamiden, Penten und Polyoxyäthylen im Temperaturbereich von −175 bis +140°C. Kolloid-Z./Z. Polymere **226** (1968) 2, S. 109–115.

Gianotti, G., Capizzi, A.: Kalorimetrische Bestimmung der Schmelzenthalpie und -entropie von isotaktischen Polypenten-1. European Polymer J. **4** (1968) 6, S. 677–683.

Clegg, G. A., Gee, D. R., Melia, T. P.: Thermische Eigenschaften von Äthylen/Propylen-Blockcopolymeren. Makromol. Chemie **119** (1968) S. 184 bis 193 (engl.).

Bagby, G., Lehrle, R. S., Robb, J. C.: Thermischer Abbau von Polymethylmethacrylat im Bereich von 300 bis 500°C. Durch die Tendenz der Änderung der relativen Molekülmasse mit dem Umsatz nachgewiesene Veränderungen des Mechanismus. Makromol. Chemie **119** (1968) S. 122–132 (engl.).

Amrhein, E., Müller, F. H.: Das dielektrische Verhalten von Polyäthern zwischen Mikrowellen- und Infrarot-Gebiet. Kolloid-Z./Z. Polymere **226** (1968) 2, S. 97–102.

Heim, J.: Elektrische und thermoelektrische Messungen an Reaktionsprodukten aus Metallsalzen und Polyacrylnitril. J. Polymer Sci., C: Polymer Symposia (1968) 16(6), S. 3229–3232 (dt.).

Fuchs, O.: Lösungen von makromolekularen Stoffen. Fortschr. chem. Forsch. **11** (1968) 1, S. 74–145.

Kurata, M.: Ausgeschlossenes Volumen von linearen Polymermolekülen. J. Polymer Sci., A–2: Polymer Physics **6** (1968) 9, S. 1607–1612.

Petropavlovskij, G. A. (Schreibw. i. Orig.: *Petropavlovskii, G. A.*): Celluloseäther und -ester mit niedrigem Substitutionsgrad. J. Polymer Sci., C: Polymer Symposia (1968) 16(6), S. 3187–3194.

Alberino, L. M., Graessley, W. W.: Vernetzung von Polystyrol durch energiereiche Strahlung. II. Teil. Änderungen der relativen Molekülmasse im Vorgel-Bereich. J. physic. Chem. **72** (1968) 12, S. 4229–4235.

Wündrich, K.: Die Wirkung aromatischer Additive auf den strahleninduzierten Abbau von Polymethylmethacrylat. I. Einfluß der Konzentration und der Mesomerie. Kolloid-Z./Z. Polymere **226** (1968) 2, S. 116–124.

Jones, M. N.: Löslichmachen von Farbstoffen durch einen Komplex aus einem oberflächenaktiven Stoff. J. colloid interface Sci. **26** (1968) 4, S. 532 bis 533.

Boni, K. A., Sliemers, F. A., Stickney, P. B.: Entwicklung der Gelchromatographie zur Charakterisierung von Polymeren. I. Verfahrensvariable. J. Polymer Sci., A–2: Polymer Physics **6** (1968) 9, S. 1567–1578.

Willmouth, F. M., Keller, A., Ward, I. M., Williams T.: Gelchromatographische Untersuchungen des Abbaues von Polyäthylen mit rauchender Salpetersäure. III. Durch Rühren erhaltene faserförmige Kristalle. J. Polymer Sci., A–2: Polymer Physics **6** (1968) 9, S. 1627–1637.

Physik und Chemie der Monomeren und Oligomeren

Djatlovickaja, F. G., Maktaz, E. D.: Bestimmung von Caprolactamgehalt im Wasser mit Hilfe der Dünnschicht-Chromatographie. Chim. Volokna (Chem. Fasern) (1968) 6, S. 69–70.

Nikulina, L. E., Koroleva, V. R.: Einfluß der Beimischungen von Anilin, Nitrobenzol und Cyclohexanonoxim auf die Qualität von Caprolactam. Chim. Volokna (Chem. Fasern) (1968) 6, S. 16–17.

Lokaj, J., Hrabák, F.: Über die Reaktionen des Dibenzoylperoxids mit tertiären Aminen. Makromol. Chemie **119** (1968) S. 23–36.

Eapen, K. C., Yeddanapalli, L. M.: Kinetik und Mechanismus der durch Alkalien katalysierten Addition von Formaldehyd an Phenol und substituierte Phenole. Makromol. Chemie **119** (1968) S. 4–16 (engl.).

Polymerisation

Tüdös, F.: Kinetik der Radikalpolymerisation. XX. Energieübertragungsvorgänge bei den Radikalreaktionen in flüssiger Phase. J. Polymer Sci., C: Polymer Symposia (1968) 16(6), S. 3461–3471.

Morris, C. E. M., Parts, A. G.: Der Abbau von Kaliumperoxydisulfat in Polymerisationssystemen. Makromol. Chemie **119** (1968) S. 212–218 (engl.).

Platé, N. A.: Die Rolle struktur-chemischer Effekte bei der Modifizierung von Polymeren. Vysokomol. Soed. (Hochmol. Verbind.) **10** A (1968) 12, S. 2650–2661.

Braun, D., Peschk, G.: Neue niedermolekulare und polymere Hydrazyle. Angew. Chemie **80** (1968) 23, S. 1002–1003.

Gerrens, H.: Über halbkontinuierliche Emulsionspolymerisation nach dem Zulaufverfahren. Kolloid-Z./Z. Polymere **227** (1968) 1/2, S. 92–107.

Otsu, T., Tsuda, K., Fukumizu, T.: Einfluß der Esteralkylgruppen auf die Copolymerisation von Alkylthioacrylaten mit Styrol. Makromol. Chemie **119** (1968) S. 140–146 (engl.).

Lorkowski, H.-J.: Polymersynthesen an Matrizen, Teil II. Wiss. u. Fortschr. **19** (1969) 1, S. 17–19.

Krauch, C. H., Sanner, A.: Polymerisation auf kristalliner Matrix. Naturwiss. **55** (1968) 11, S. 539–540.

Ogata, N., Tanaka, K., Takayama, K.: Ringöffnungspolymerisation von cyclischen Verbindungen mit bifunktionellen Gruppen. Teil III. Polymerisation von substituierten Lactamthioäthern und Lactamsulfonen. Makromol. Chemie **119** (1968) S. 161–169 (engl.).

Grekov, A. P., Yanchevsky, V. A., Kornev, K. A., Suchorukova, S. A. (Schreibw. i. Orig.: *Sukhorukova, S. A.*): Untersuchung der Polymerisation von ε-Caprolactam in Gegenwart von Hydrazinderivaten. J. Polymer Sci., C: Polymer Symposia (1968) 16(6), S. 3301–3308.

Griščenko, A. Z., Sachnenko, O. Ü., Dan'šina, G. I.: Mathematische Untersuchung des Einflusses der Temperatur auf die Polymerisation von Caprolactam. Chim. Volokna (Chem. Fasern) (1968) 6, S. 12–14.

Bevington, J. C., Johnson, M.: Radikalpolymerisation von Estern mit Vinylalkohol. II. Copolymerisation. European Polymer J. **4** (1968) 6, S. 669 bis 675.

Audebert, R.: Lineare Polykondensationsprodukte auf der Basis von Monomeren der Triazinreihe. J. Polymer Sci., C: Polymer Symposia (1968) 16(6), S. 3245–3254 (franz.).

Pino, P., Lorenzi, G. P., Chiellini, E.: Optisch-aktive Vinylpolymere. XV. Optische Aktivität der Kohlenwasserstofflösungen von Poly/(S)-1-methylpropyl/vinyläther und Poly/(S)-2-methylbutyl/vinyläther. J. Polymer Sci., C: Polymer Symposia (1968) 16(6), S. 3279–3289.

Cellin, B. L.: Pfropfpolymerisation aus der Gasphase auf verstreckte Elementarfäden und Filme als direkte Synthese von orientierten polymeren Strukturen. Vysokomol. Soed. (Hochmol. Verbind.) **10** A (1968) 12, S. 2611–2617.

Pajkačev, Ju. S., Bykov, A. N., Borodkin, V. F.: Herstellung farbiger Copolymerer des Acrylnitrils. Chim. Volokna (Chem. Fasern) (1968) 6, S. 22–24.

Joh, Y., Yoshihara, G., Kurihara, S., Tsukuma, I., Imai, Y.: Über die stereospezifische Polymerisation von Methacrylnitril durch metallorganische Katalysatoren. Makromol. Chemie **119** (1968) S. 239–243 (engl.).

Zubov, P. I., Smirnova, A. M., Brodova, E. I., Rajkova, T. V., Blochina, N. M.: Modifizierung von Cellulosenitrat durch Pfropfung mit Polyacrylnitril. Vysokomol. Soed. (Hochmol. Verbind.) **10** A (1968) 12, S. 2629–2634.

Minoura, Y., Mitoh, M., Mabuchi, Y.: Kationische Copolymerisation von Trioxan mit Styrol. I. Copolymerisation von Trioxan mit Styrol unter Anwendung von Bortrifluoridätherat. II. Einfluß einiger Faktoren auf die Copolymerisation von Trioxan mit Styrol. Makromol. Chemie **119** (1968) S. 86–95; 96–103 (engl.).

Sonderfragen

Borrmann, H.: Inertgas und Reaktionsgas in der Chemischen Industrie. Chemie-Ing.-Technik **40** (1968) 24, S. 1192–1202.

Oldenroth, O.: Wachsgehalt, Restfettspeicherung und Pigmentschmutzaufnahme von Baumwolle. I. Teil. Z. ges. Textilind. **70** (1968) 12, S. 913 bis 918.

II. Faserstoffe. Ausgangsstoffe usw.

Naturfaserstoffe

Pflanzliche Faserstoffe

Sumetov, V. A., Chemuckij, N. D.: Relative Geschwindigkeit des Konvektionstrocknens von Strohflachs. Izv. vyssich uč. Zav. Technol. tekstil. Prom. (Hochschulnachr. Technol. Textil-Ind.) (1968) 5, S. 35–37.

Tierische Faserstoffe

Carter, H. B.: Die Geschichtsgeographie der Feinwolle-Schafe. Textile Inst. Ind. **7** (1969) 1, S. 15–18.

Blankenburg, G., Henning, H. J., Deli, S., Sergent, G.: Einfluß der Schwitzdauer auf die Eigenschaften der Schwitzwolle. Melliand Textilber. **50** (1969) 1, S. 14–18.

Chemiefaserstoffe

Dimov, K.: Chemiefaserstoffe in Bulgarien. Chim. Volokna (Chem. Fasern) (1968) 6, S. 61–62.

Cellulose und Zellstoff

Solomon, B., Rozmarin, Gh., Simionescu, Cr.: Chemische Untersuchung der Hemicellulosen des Schilfs. I. Trennung und Fraktionierung der Hemicellulosen. Cellulose Chem. Technology, Jassy/Rum. **2** (1968) 3, S. 291 bis 304 (franz.).

Slávik, I.: Einfluß der Oxydation von Zellstoffen auf ihren Pentosangehalt. Cellulose Chem. Technology, Jassy/Rum. **2** (1968) 3, S. 279–289 (dt.).

Draganova, R., Simionescu, Cr.: (Schreibw. i. Orig.: *Simionesku, Kr.*): Elektrophoretische Untersuchung des Lignins beim Neutralsulfitaufschluß. Cellulose Chem. Technology, Jassy/Rum. **2** (1968) 3, S. 359–367 (russ.).

Melms, F., Mühlberg, L., Zirngibl, E.: Vergleichender Sulfataufschluß von Kiefern- und Lärchenholz. Zellstoff u. Papier **18** (1969) 1, S. 15–22.

Regeneratfaserstoffe

Andersson, L., Samuelson, O.: Einfluß einiger Parameter auf die Rexanthogenierung während der Viskosereife. Cellulose Chem. Technology, Jassy/Rum. **2** (1968) 3, S. 305–310 (engl.).

Papkov, S. P., Antipova, R. V., Uchanova, Z. V.: Zur Schrumpfung von Viskosefaserstoffen beim Trocknen im ungespannten Zustand. Chim. Volokna (Chem. Fasern) (1968) 6, S. 40–42.

Selin, A. N., Nivin, P. I.: Schwefelkohlenstoff- und Schwefelwasserstoffbilanz bei der Erzeugung von Viskosetextilseide. Chim. Volokna (Chem. Fasern) (1968) 6, S. 65–66.

Philipp, B., Gröbe, A., Schmiedeknecht, H.-H.: Herstellung, Eigenschaften und Einsatz von Modalfasern. Dt. Textiltechnik **19** (1969) 1, S. 14–20.

Synthetische Faserstoffe

Fa. I. C. I. erläutert ihre „Faser-Philosophie" für Europa. Hosiery Trade J. **75** (1968) 899, S. 126–128.

Dowgielewicz, S.: Vergleichende Untersuchungen von Polypropylenfaserstoffen mit unterschiedlicher Herkunft. Technik włókienn. (Textiltechn.) **17** (1968) 11, S. 321–325.

Thermisch beständiger Faserstoff Penilon. Chim. Volokna (Chem. Fasern) (1968) 6, S. 72.

Peuker, H.: Fäden aus Folie. Z. ges. Textilind. **71** (1969) 1, S. 10–20.

Künstliche mineralische Faserstoffe

Hillermeier, K.: Glasseide – ihre Eigenschaften, insbesondere in Abhängigkeit vom Faserdurchmesser. Melliand Textilber. **50** (1969) 1, S. 26–28.

Ausgangsstoffe. Schaumstoffe. Kautschuk

Curtis, G. J., Milne, J. M., Reynolds, W. N.: Nicht-Hookesches Verhalten von festen Kohlenstoff-Fäden. Nature, London **220** (1968) 5171, S. 1024 bis 1025.

Konstantinova, O. I., Sofronova, I. S., Blinder, A. M.: Lackiertes Cellophan mit erhöhter Wasserbeständigkeit. Chim. Volokna (Chem. Fasern) (1968) 6, S. 44–45.

Soško, A. I., Tynnyj, A. N., Kalinin, N. G.: Chemische Beständigkeit von Fluoroplasten. Plast. Massy, Moskva (Plast. Massen) (1968) 11, S. 17.

Andrei, C.: Ionomere. Materiale plast., București **5** (1968) 5, S. 242–243.

Fomičev, à. A., Uskov, I. A., Krymčanska(a, R. L., Larasenko, Ju. G., Trofimovič, A. N., Pridhodko, O. G., Chitrik, I. S.: Plaste auf der Basis von Polyamidfaserstoff und Epoxid/Phenol-Harz als Bindemittel mit Gleiteigenschaften. Plast. Massy, Moskva (Plast. Massen) (1968) 11, S. 31–33.

III. Fäden-Herstellungstechnologien

Spinnerei. Zwirnerei

Spinnereivorbereitung

Stewart, R. G., Bratt, R. L.: Der Einfluß des Öffnens von Teppichwolle-Mischungen auf die Garneigenschaften. J. Textile Inst. **60** (1969) 1, S. 1–7.

Corty, E.: Das Schmälzproblem und die Chemiefasern. Z. ges. Textilind. **71** (1969) 1, S. 20–23.

Koussens, B., Pouchel, P., Mazingue, G.: Vergleichende Untersuchungen von drei Rohwollwaschverfahren. Z. ges. Textilind. **70** (1968) 12, S. 911 bis 913.

Stewart, R. G.: Faserverlust beim Waschen und Prüfen von Teppichwollmischungen. Amer. Dyestuff Rep. **57** (1968) 18, S. 22–24.

Spinnerei

Gruoner, S.: Wechselweises Spinnen mit und ohne Spinnkronen. Melliand Textilber. **50** (1969) 1, S. 11–13.

Montgomery, V.: Fa. Dixie Yarns – Expansionsprogramm charakterisiert ihren Fortschritt. Mod. Textiles Mag. **49** (1968) 7, S. 17, 18, 66–68.

Cloer, C. M.: Direkt gesponnene Garne. Mod. Textiles Mag. **49** (1968) 7, S. 63–65.

Žochovski, V. V.: Über die Wickeldichte beim Aufwinden von Vorgarn. Izv. vyssich uč. Zav. Technol. tekstil. Prom. (Hochschulnachr. Technol. Textil-Ind.) (1968) 5, S. 60–64.

Veit, H.: Weiche oder harte Zylinderbezüge? Spinner, Weber, Textilveredlung **86** (1968) 12, S. 1105–1106.

Zwirnerei

Savio, L., Ferrarini, A.: Traditionalles Ringzwirnen und Zwirnen mit doppelter Drehung. Panorama tessile, Milano **5** (1968) 33, S. 9–17.

Charlesworth, E.: Das Spinnen von Maschinenstrickgarnen in der Kammgarnspinnerei. Textile J. Australia **43** (1968) 10, S. 14, 15, 20, 40, 54.

Erzeugnisse der Spinnerei und Zwirnerei

Marcinkowski, W.: Anwendung der Methode des herabhängenden Ringes für Messungen der Biegesteifheit von Garnen. Przgl. włókienn. (Textil-Rdsch.) **22** (1968) 9, S. 473–475.

Wegener, W., Artzt, P.: Der Einfluß des Verstreckungsverhältnisses auf die Schwankungen der Fadeneigenschaften und der Ablauffadenzugkraft. Melliand Textilebr. **50** (1969) 1, S. 9–11.

Červendinev, A., Pešev, C., Gurdeva, C.: Einfluß des Läufergewichts auf einige physikalisch-mechanische Kennziffern von Baumwollgarn. Tekstil. Prom., Sofija (Textil-Ind.) **17** (1968) 9, S. 13–15.

Scherm, E.: Spinnereiprobleme bei der Herstellung von Mischgespinsten. Dt. Textiltechnik **18** (1968) 12, S. 772–774.

Texturfäden

Jelly, R.: Texturseiden: Unbeschränkte Marktmöglichkeit. Mod. Textiles Mag. **49** (1968) 7, S .19–25.

Jammers, H. Ch.: Kräuselgarne: Spezifische Eigenschaften und Folgerungen für ihre Verarbeitung. Melliand Textilber. **50** (1969) 1, S. 19–25.

Engels, B., Blaschke, K.-H.: Trevira-Frisé – Eigenschaften, Herstellung und Verarbeitung in der Strickerei. Chemiefasern **19** (1969) 1, S. 35–37.

Kern/Mantel-Fäden

Rybnikov, E. N.: Untersuchung der Faserbewegung in der Arbeitszone der Maschine PA-76. Izv. vyssich uč. Zav. Technol. tekstil. Prom. (Hochschulnachr. Technol. Textil-Ind.) (1968) 5, S. 147–149.

IV. Flächengebilde-Herstellungstechnologien

Kullrich, H.: Wirken und Stricken aus der Sicht des Webers. IV. Die Maschenware im Rahmen der Herstellung textiler Flächenerzeugnisse. Z. ges. Textilind. **70** (1968) 12, S. 904.
Peukert, G.: Gegenüberstellung der Einsatzmöglichkeiten und Grenzen der Alternativtechnologien bei der Ablösung der klassischen Technik im Bereich der VVB Wolle und Seide. Dt. Textiltechnik **18** (1968) 12, S. 774 bis 781.
Kronberg, J. A.: Die Zukunft der Stoffkonstruktion. Textile J. Australia **43** (1968) 10, S. 12, 13, 48.

Materialvorbereitung

Wildi, E.: Das Zetteln von Garnen und Seiden mit hohen Geschwindigkeiten. Dt. Textiltechnik **19** (1969) 1, S. 20–27.
Zajcev, V. P.: Abhängigkeit der Länge der Fäden, die auf einen Zettel- oder Kettbaum aufgewickelt werden, vom Neigungswinkel. Izv. vysšich uč. Zav. Technol. tekstil. Prom. (Hochschulnachr. Technol. Textil-Ind.) (1968) 5, S. 70–73.
Griese, H., Hobe, S.: Untersuchungen zur Verbesserung des Fadenlaufes beim Zetteln und Schären von Leinengarnen. III. Melliand Textilber. **49** (1968) 12, S. 1393–1396.
Nowell, F.: Kettschlichten ungedrehter Seiden vom Gatter. Textile Month (1968) 10, S. 64, 67.

Weberei

Die zukünftige Weberei; wie sich das Morgen des Sektors abzeichnet. Panorama tessile, Milano **5** (1968) 33, S. 19–23.

Weberei-Technologie

Lazarek, J., Klopotowski, W.: Technische und wirtschaftliche Probleme der neuen Webverfahren. Technik włókienn. (Textiltechn.) **17** (1968) 11, S. 325–331.
Jederán, M., Andai, G.: Die Untersuchung des Kettenablaßsystems des automatischen Baumwollwebstuhles Typ AT-120-5M. Magyar Textiltechn. **20** (1968) 12, S. 674–676.
Jederan, M.: Theorie der Gewebebildung und ihre Beziehung zur praktischen Technologie. Textil-Praxis **23** (1968) 12, S. 792–795.
Pilisi, J.: Anpassungsfähigkeit von Webmaschinen. Textil-Praxis **23** (1968) 12, S. 805–807.
Beck, T., Szajbély, M.: Die Bestimmung der optimalen Tourenzahl von Webstühlen mittels Wahrscheinlichkeitsrechnung. Magyar Textiltechn. **20** (1968) 12, S. 682–685.
Dubner, H.: Das Textra-Verfahren. Melliand Textilber. **49** (1968) 12, S. 1397–1401.

Erzeugnisse der Weberei

Die Herstellungstechniken für Decken. Ind. textile, Praxis (1968) 973, S. 719–721.
Coppo, R.: Textilien in der Herstellung aufblasbarer Erzeugnisse. Textile Inst. Ind. **7** (1969) 1, S. 8–10.
Vasil'čikova, N. V., Kilseev, A. K.: Über die Berechnung der maximalen Dichte von Gewebe. Izv. vysšich uč. Zav. Technol. tekstil. Prom. (Hochschulnachr. Technol. Textil-Ind.) (1968) 5, S. 22–26.

Wirkerei und Strickerei. Konfektionstechnik. Sonstige Technologien

Karbstein, R.: Entwicklungstendenzen in der Bekleidungsindustrie. Bekleid. u. Maschenware **7** (1968) 6, S. 272–273.
Robers, F.: Bügelfrei waschbar: Vom Hemd zum Anzug. Bekleid. u. Wäsche **20** (1968) 24, S. 1715–1719.
Görlach, H.: Kälteschutz und Seenotrettungsanzug. Melliand Textilber. **49** (1968) 12, S. 1405–1407.

Wirkerei- und Strickerei-Technologie

Furkert, F.: Entwicklung und Zukunftsaussichten in der Kettenwirkerei. Melliand Textilber. **49** (1968) 12, S. 1417–1419.
Villányi, L.: Die Entwicklungstendenz von Flachwirkmaschinen. Magyar Textiltechn. **20** (1968) 12, S. 686–689.
Brose, P.: Fehlererkennung an Rundstrickmaschinen durch fotoelektrische Nadelüberwachung. Wirk.- u. Strick.-Technik **19** (1969) 1, S. 7–11.

Erzeugnisse der Wirkerei und Strickerei

Smith, B.: Der Einsatz der Polyesterfaser DACRON in Jersey und Maschenware. Hosiery Times **41** (1968) 473, S. 41, 42, 45, 47, 49, 50.
Homorozeanu, L.: Bemühungen zur Bestimmung des Arbeitsaufwandes. Ind. textilă, Bucureşti **19** (1968) 11, S. 663–665.

Konfektion

Gollrad, E.: Die Anwendung des Bauteilsystems bei der schnittechnischen Gestaltung von Obertrikotagen. Bekleid. u. Maschenware **7** (1968) 6, S. 253–256.
Tarjányi, J.: Der Einsatz von Csepel-Bügelmaschinen in der modernen Fertigungstechnologie. Magyar Textiltechn. **20** (1968) 12, S. 690–693.
Sauer, H.: Materialprüfung – eine wesentliche Voraussetzung industrieller Bekleidungsfertigung. Bekleid. u. Wäsche **20** (1968) 24, S. 1723–1725.
V. Die Bekleidungsindustrie der Tschechoslowakei. Bekleid. u. Wäsche **21** (1969) 1, S. 28–32, 44, 46.

Sonstige Technologien

Die Posamentenindustrie – mehr als eine Tradition. Ind. textile, Paris (1968) 972, S. 617–619.
Hentschel, K.: Vom Nutzen der Normung für die Netzmacherei. Melliand Textilber. **50** (1969) 1, S. 34–35.

Faserverbundstoffe. Vliesstoffe

Rupert, W.: Herstellung von genadelten Filzen großer Breite. Melliand Textilber. **49** (1968) 12, S. 1410–1412.

Schichtstoffe

Tufting-Trends – Tufting in Yorkshire. Mod. Textiles Mag. **49** (1968) 6, S. 43–45.
Chemiefaserstoffe dominieren in der Teppichindustrie. Mod. Textiles Mag. **49** (1968) 5, S. 74.
Neues Interesse der Tuftingindustrie an spinngefärbten Acrylfasern für Innen/Außen-Teppiche. Mod. Textiles Mag. **49** (1968) 5, S. 67.
Tichomirov, V. B., Kan, G. E.: Optimieren des Trocknungsprozesses beim Herstellen von Klebvliesstoffen unter Anwendung mathematischer Versuchsplanungsmethoden. Izv. vysšich uč. Zav. Technol. tekstil. Prom. (Hochschulnachr. Technol. Textil-Ind.) (1968) 5, S. 109–112.
Rüschmann, H.: Die Herstellung von Tufted-Teppichboden. Spinner, Weber, Textilveredlung **86** (1968) 12, S. 1113–1119.

V. Textilveredlung

Grünewälder, W.: Beeinflussung des Imprägniereffektes durch Reinigungsverstärker. Chemischreiniger u. Färber/Färber-Ztg. **22** (1969) 1, S. 4–6.
Glass, H.: Einfluß verschiedener Textilhilfsmittel auf die Anschmutzung textiler Flächengebilde. Dt. Textiltechnik **19** (1969) 1, S. 41–46.
Miroea, C.: Das Verhalten gepfropfter Cellulosegewebe beim Bleichen und Färben. Ind. textilă, Bucureşti **19** (1968) 11, S. 672–677.

Farbstoffe. Textilhilfsmittel

Nowak, D.: Hilfsmittel für die Textilindustrie. Technik włókienn. (Textiltechn.) **17** (1968) 11, S. 338–340.
Moncrieff, R. W.: Furfural: Freund des Färbers. Textile Manuf. **94** (1968) 1126, S. 428–429.
Espector, J. C.: Hydroxyalkylamidierte Fette. Chemische Untersuchung und Anwendung in der Textilindustrie. Galaxia, Buenos Aires (1968) 18, S. 25–28.
Pirnik, K.: Chemische Produkte für Wäscherei- und Chemischreinigungsbetriebe. Textilreinigung, Leipzig **16** (1969) 2, S. 52–55.
Kobusch, V.: Stärkeaufschlußmittel – ihre Zusammensetzung und Wirkungsweise. Spinner, Weber, Textilveredlung **86** (1968) 12, S. 1121–1122.

Bleicherei. Sonstige Vorbehandlungsarbeiten der Textilveredlung

Parikh, D. V., Sampath, V., Sharma, M. A., Dixit, M. D., Nanjundayya, C.: Überblick über die Bleicherei in Bombay. Teil II. Fluiditätsergebnisse. Internat. Dyer, Textile Printer, Bleacher, Finisher **140** (1968) 10, S. 691 bis 692.
Sármány, J., Fenyvesi, E.: Kontinuebleiche von Baumwollgewirken. Magyar Textiltechn. **20** (1968) 12, S. 694–698.
Fenyvesi, E., Sármány, J.: Das Stabilisieren von Wasserstoffperoxid-Bädern durch Natriumbentonit. Magyar Textiltechn. **20** (1968) 12, S. 677 bis 681.
Weihsbach, J.: Kontinuierliches optisches Aufhellen von Textilien aus Polyamidfasern. Textil-Praxis **23** (1968) 12, S. 825–826.
Pilichowska-Gwózdz, St., Lewaskiewicz, W.: Einfluß der Sodalauge auf die physikalisch-mechanischen Eigenschaften von Fasern des Polynosictypes. Przegl. włókienn. (Textil-Rdsch.) **22** (1968) 8, S. 403–407.

Färberei

Aus der Geschichte der Färberei. VII. Bayer-Farben-Rev., Leverkusen (1968) 15, S. 38–42.
Paggi, G.: Die Automation beim Färben. Ind. textile, Paris (1968) 973, S. 733–736.
Volumenvergrößerung und Färben von Garnen nach dem Superba-Verfahren. Chemiefasern **19** (1969) 1, S. 33–35.
Bird, C. L., Patel, A. M.: Das Färben von unmodifiziertem Polypropylen mit Dispersionsfarbstoffen. J. Soc. Dyers Colourists **84** (1968) 11, S. 560–563.
Kramer, B., Bohn, K., Demory, J. M.: Färben von Acrylfaser-Kammzug und -Spinnkabel in HT-Kontinuedämpfern und in HT-Apparaten. Bayer-Farben-Rev., Leverkusen (1968) 15, S. 26–37.
Senner, P.: Die Behandlung von Breitstückwaren. Der Stückbaum-Färbeapparat. Textil-Praxis **23** (1968) 12, S. 831–835.
Galazkowa, K.: Das Färben von hochelastischen Polyurethanfasern des Spandextypes. Przegl. włókienn. (Textil-Rdsch.) **22** (1968) 8, S. 428–431.
van Diest, J.: Das Färben von Mischgeweben aus Polyester- und Cellulosefasern mit Terindosolen nach einem einbadigen Färbeverfahren. Melliand Textilber. **49** (1968) 12, S. 1449–1452.
Baumgarte, U.: Zur Frage der Verankerung von Farbstoffen auf Cellulosefasern mit Hilfe von mehrfunktionellen Vernetzern. Melliand Textilber. **49** (1968) 12, S. 1432–1436.
Ohnishi, A., Kubo, J., Kurosaki, T., Noguchi, J.: Verbesserung der Anfärbbarkeit von Cellulosefaserstoffen mit Epoxypropyltrimethylammoniumchlorid. Kobunshi Kagaku, Tokyo (Chem. High Polymers) **25** (1968) 281, S. 618–624 (jap., engl. Zusammenfass.)
Calin, C.: Betrachtungen über die Lichtechtheit von Mischfärbungen. Textil-Praxis **23** (1968) 12, S. 829–830.

Druckerei

Ramsay, D. W.: Neue Farbstoffe für Textildrucker. Textile J. Australia **43** (1968) 10, S. 31–32.
Andrzejewski, T., Zaremba, Z.: Die Anwendung von Helaktyn-D-Farbstoffen beim einstufigen Bedrucken von Cellulosegeweben. Przegl. włókienn. (Textil-Rdsch.) **22** (1968) 8, S. 425–428.

Ausrüstung. Trocknung

Stoffkonstruktion: Ihr Einfluß auf die Ausrüstung. Textile Month (1968) 10, S. 110.
Laurie, S. H.: Die Aufnahme von Metallkomplexen durch Wolle und die Einflüsse auf ihre physikalischen Eigenschaften. Teil II. Eine allgemein anwendbare Methode zur Imprägnierung mit Titandioxid. Textile Res. J. **38** (1968) 11, S. 1140–1141.
Jakubowicz, H.: Die Regulierung des Verlaufes der Trocknungsprozesse bei Geweben. Przegl. włókienn. (Textil-Rdsch.) **22** (1968) 8, S. 432–433.
Bergs, H.: Kaschierung und Schichtstoffe. Ind. textile, Paris (1968) 972, S. 637–649.
Beflockungstechniken fordern traditionelle Textilmethoden heraus. Mod. Textiles Mag. **49** (1968) 6, S. 22–24.
Strassel, R.: Die Zukunft der Laminatherstellung. Mod. textiles Mag. **49** (1968) 8, S. 22–24.
Niedrige bis mäßige Einstellung der Entspannungstemperatur von Baumwollen für Durable-Press. Amer. Dyestuff Rep. **57** (1968) 18, S. 34–38.
Asquith, R. S., Puri, A. K.: Stabilität mit Thioglykolsäure ausgerüsteter Wolle gegenüber Nachbehandlungen. J. Soc. Dyers Colourists **84** (1968) 9, S. 461–462.

Riedel, D.: Qualitätsverbesserung in der Ausrüstung von Geweben oder Gewirken aus Wolle und Wollmischungen durch organisch in den Arbeitsablauf eingeschaltete Kühl- und Klimatisiervorgänge. Melliand Textilber. **49** (1968) 12, S. 1454–1458.
Petersen, H.: Beziehungen zwischen chemischer Konstitution und Eigenschaften von Hydroxy- und Alkoxyäthylenharnstoffen, deren N-Methylol- und N-Alkoxymethylverbindungen. 6. Mitteilung. Textilveredlung, Weinfelden/Schweiz **3** (1968) 11, S. 629–644.
Sarkar, I. M., Arthur, J. C., George, McL.: Einige Eigenschaften von phenyl-carbamylierter Baumwolle. Textile Res. J. **38** (1968) 11, S. 1145 bis 1146.
Näser, H.: Wollschutzmittel für den Schutz von reinwollenen und wollhaltigen Textilien vor keratinfressenden Insekten. Dt. Textiltechnik **19** (1969) 1, S. 36–40.
Orlov, N. F., Ivanova, G. V., Andresev, V. F.: Hydrophobieren von Vinol-Geweben und -Faserstoffen mit Polyalkylhydrosiloxanen und Chromolan. Izv. vysšich uč. Zav. Technol. tekstil. Prom. (Hochschulnachr. Technol. Textil-Ind.) (1968) 5, S. 88–91.
Grigerjan, R. G., Rogovin, Z. A.: Synthese und Untersuchung einiger Eigenschaften von mit Polyisopren gepfropften Cellulosefaserstoffen. Izv. vysšich uč. Zav. Technol. tekstil. Prom. (Hochschulnachr. Technol. Textil-Ind.) (1968) 5, S. 84–87.
Cook, J. R., Delmenico, J.: Eine Methode zur Verhinderung des unangenehmen Geruchs von Wolle, die mit Reduktionsmittel behandelt wurde. J. Textile Inst. **60** (1969) 1, S. 29–30.
Isaeva, V. I., Fil'bert, D. V., Vasil'ev, Ju. V., Kruglova, G. S.: Verbesserung der Scheuerfestigkeit von Polypropylen-Monofilseide. Chim. Volokna (Chem. Fasern) (1968) 6, S. 25–27.

Wäscherei. Chemische Reinigung

Lazarovici, I., Ianoglu, M.: Das Waschen und Reinigen von beschichteten Erzeugnissen. Ind. textilă, Bucureşti **19** (1968) 11, S. 680–682.
Kretzschmar, H.: Erste Erfolge von umfangreichen Rekonstruktionsmaßnahmen. Textilreinigung, Leipzig **16** (1969) 2, S. 48–51.
Neukirchner, A., Reumuth, H., Faller, K.: Der langsame Abbau von Haushaltwäsche beim Tragen, Waschen und Trocknen unter amerikanischen und europäischen Bedingungen. Z. ges. Textilind. **70** (1968) 12, S. 881 bis 886.
Kaesler, K. P.: Hot-Box und die Mietwäsche-Rationalisierung. Wäschereitechn. u. -chemie **21** (1968) 12, S. 600–601.
Schmidt, H.: Maschinentechnische Probleme des Mangelns. Wäschereitechn. u. -chemie **21** (1968) 12, S. 593–596.

VI. Werkstoffprüfung. Meß- und Prüftechnik. Standardisierung

Böttcher, P.: Allgemeine Betrachtungen zur apparativen Bestimmung der Gebrauchseigenschaften von textilen Flächengebilden für Bekleidung. Teil II. Bekleid. u. Maschenware **7** (1968) 6, S. 277–279.
Stein, W.: Fadenbrüche an Industrienähmaschinen. Die Aufzeichnung des Zugkraftverlaufs im Oberfaden unter Verwendung eines Magnetbandgerätes mit endloser Bandschleife. Z. ges. Textilind. **70** (1968) 12, S. 875 bis 880.

Eigenschaften und Fehler der Textilmaterialien u. a.

Ledwoch, K.-D.: Die Analyse und Prüfung von Kunststoffen in der Zeitschriften-Literatur des Jahres 1967. Kunststoff-Rdsch. **15** (1968) 12, S. 607–612.
Biedermann, W.: Zur elektrostatischen Aufladung organischer Hochpolymerer und zum Einsatz von Antistatika. Plaste u. Kautschuk **16** (1969) 1, S. 8–15.
Shore, J.: Reaktionsmechanismus von Proteinen mit Reaktivfarbstoffen. III. Reaktionsfähigkeit von löslichen Proteinen mit Chlortriazinfarbstoffen. J. Soc. Dyers Colourists **84** (1968) 11, S. 545–555.
Müller, U., Wiedemann, G.: Über Eigenschaften thermisch-chemisch nachbehandelter Glasseidengewebe. III. Zur Adsorption von organofunktionellen Silanen und Chromkomplexverbindungen an Glasseide. Faserforsch. u. Textiltechnik **20** (1969) 1, S. 10–20.
Robbins, C. R., Scott, G. V., Barnhurst, J. D.: Warum kann das menschliche Haar unterschiedliche Mengen Säurefarbstoffe binden? — Eine Studie. Textile Res. J. **38** (1968) 11, S. 1130–1136.
Nakashima, T., Takagi, K., Aoyama, T.: Die Fadenspannung in der Aufwindevorrichtung. Teil 1: Das Spannungsverhalten in einem laufenden Faden. J. Textile Mach. Soc. Japan **14** (1968) 1, S. 12–20.
Trommer, G.: Das Kraft-Dehnungsverhalten von Kernwindefäden. Faserforsch. u. Textiltechnik **19** (1968) 12, S. 575–581.
Pflüger, G.: Die Reibung als textiltechnisches Problem. Textil-Praxis **23** (1968) 12, S. 813–816.
Juneja, K. K., Chatterjee, R., Ranganathan, S. R.: Der Bruch-Drehwinkel einer Wollfaser als ein Maß für die Schädigung durch Karbonisiersäure. Textile Res. J. **38** (1968) 11, S. 1138–1140.
Offermann, P., Schulze, S., Gruhner, R.: Verarbeitungsgrenzen dickstellenbehafteter Garne auf Großrundstrickmaschinen. Bekleid. u. Maschenware **7** (1968) 6, S. 244–247.
Bigler, N.: Mikroskopische Beobachtungen an Texturgarnen. Melliand Textilber. **50** (1969) 1, S. 85–92.
Druzinina, T. V., Konkin, A. A.: Eigenschaften von Pfropfcopolymeren des Polyäthylens mit Poly-2-methyl-5-vinylpyridin. Chim. Volokna (Chem. Fasern) (1968) 6, S. 46–48.

Meß- und Prüftechnik

Markowski, W.: Materialprüfmaschinen. Eine allgemeine zusammenfassende Betrachtung. Materialprüfung **11** (1969) 1, S. 22–25.
Kanter, D. C., Slatinskij, A. N., Stroenov, V. B., Acil'diev, M. I.: Gerät zur Bestimmung der elektrischen Leitfähigkeit von Viskosemonofil. Chim. Volokna (Chem. Fasern) (1968) **6**, S. 57–58.
Müller-Rossow, K.: Fehlerklassen und Fehlergewichtung. ZwF. Z. wirtsch. Fertigung **63** (1968) 12, S. 647–651.
de Yong, J.: Ein Mikrometer für Spannungsmessungen an Holz-Fasern. J. sci. Instruments (J. Physics E) **1** (1968) 12, S. 1207–1210.
Wegener, W., Schubert, G.: Die Beeinflussung der relativ langzeitigen Fadenzugkraft-Unterschiede durch Fadenbremsen. Z. ges. Textilind. **70** (1968) 12, S. 893–897.
Kevorkjan, A., Gindev, G., Kosev, K.: Nomogramme für den Druck und die Dichte von Textilfasern beim Pressen. Tekstil. Prom., Sofija (Textil-Ins.) **17** (1968) 9, S. 11–12.

Mayer, D.: Biegesteifigkeit von textilen Materialien in Abhängigkeit von der Temperatur und der relativen Luftfeuchtigkeit. 5. Teil. Textil-Praxis **23** (1968) 12, S. 821–824.
Yamashita, S., Kawabata, S., Kawai, H.: Untersuchung der durch Verzug verursachten Mischungsunregelmäßigkeit. Teil 2: Die Simulationsanalyse mittels Spinnsimulator. J. Textile Mach. Soc. Japan **14** (1968) 2, S. 57–63.
Možin, V. N., Moskalev, N. D.: Maschine zur Untersuchung der Dauerfestigkeit polymerer Materialien bei Vibrationen. Zavodsk. Labor., Moskva (Betriebslabor) **34** (1968) 11, S. 1374–1375.
Casian, E., Dosa, I.: Versuchseinrichtung zur Prüfung sackförmiger Filtermaterialien. Ind. textilă, Bucureşti **19** (1968) 11, S. 683–686.
Davydov, V. V., Koptelov, Ju. K.: Untersuchen der elektrophysikalischen Gewebekennwerte für die Entwicklung kapazitiver Feuchtemesser. Izv. vysšich uč. Zav. Technol. tekstil. Prom. (Hochschulnachr. Technol. Textil-Ind.) (1968) 5, S. 30–34.
Novikova, S. A., Ivanova, R. S.: Untersuchungsmethodik der Strukturveränderung von Chemiefaserstoffen bei Deformationen. Chim. Volokna (Chem. Fasern) (1968) 6, S. 53–54.
Maclaren, J. A., Kirkpatrick, A.: Partiell oxydierte Disulfidgruppen in oxydierter Wolle-Reaktion mit Thiolen. J. Soc. Dyers Colourists **84** (1968) 11, S. 564–567.
Stay, A.: Die Platten-Kondensator-Methode zur Messung der Einlaufgeschwindigkeit und des füllbaren Kapillar-Volumens mit organischen Solventien. Melliand Textilber. **49** (1968) 12, S. 1427–1431.
Grimminger, H.: Probleme der Materialprüfung bei zerstörender Beanspruchung unter hohen Verformungsgeschwindigkeiten. GIT. Fachz. Laboratorium **12** (1968) 12, S. 1282–1292.
Hesse, R.: Schnellmethoden zur Identifizierung der wichtigsten Faserstoffe. Wirk.- u. Strick.-Technik **18** (1968) 12, S. 635–642.
Zur Farbmeßtechnik im Textilveredlungsbetrieb. Internat. Textil-Bull., Zürich. Weltausgabe: Färberei/Druckerei/Ausrüstung (1968) 3, S. 1–2, 7–8, 13–14.
Belin, R. E., Verhagen, A. M. W.: Das Wandern der Pflanzenteilchen von Kammzügen in die Spinnbänder beim Flachkämmen. J. Textile Inst. **59** (1968) 12, S. 567–574.
Verhagen, A. M. W., Belin, R. E.: Die Gleichgewichtsverteilung von Pflanzenteilchen in dem Bart einer Flach-Kämmaschine. J. Textile Inst. **59** (1968) 12, S. 557–566.

Standardisierung. Terminologie

Kirchenberger, H.: Zur Terminologie nichtgewebter textiler Flächengebilde. Chemiefasern **19** (1969) 1, S. 41.
Kaesler, K. P.: Zur Notwendigkeit fachgemäßer Textilpflege. Melliand Textilber. **50** (1969) 1, S. 96, 97.
Viskosität des Tallöls SCAN-T9:68. Paperi ja Puu, Helsinki (Papier u. Holz) **50** (1968) 12, S. 757–759 (schwed.), S. 753–755 (finn.).

VII. Betriebstechnik. Ökonomie. Tagungsberichte und dgl.. Sonderfragen

Betriebstechnik

Garbe, E.: Probleme der Leitung bei der EDV-Einsatzvorbereitung auf Industriezweigebene. Wirtschaft, Ausg. A 24 (1969) 5, S. 21–22.
Puttrich, O.: Die Stellung des Menschen im modernen Fertigungsprozeß. Arbeits- und ingenieurpsychologische Fragen bei der komplexen Automatisierung. Dt. Textiltechnik **18** (1968) 12, S. 781–783.
Die Automation und die Mechanisierung in der Konfektionsindustrie. Panorama tessile, Milano **5** (1968) 33, S. 29–33.
Razbaš, V. I.: „Moralische Neuheit" von Maschinen. Izv. vysšich uč. Zav. Technol. tekstil. Prom. (Hochschulnachr. Technol. Textil-Ind.) (1968) 5, S. 8–11.
Sodzikowski, T., Dobrowolski, W.: Bemerkungen zur Frage der nochmaligen Nutzung der Textilindustrieabwässer. Przegl. włókienn. (Textil-Rdsch.) **22** (1968) 8, S. 434–436.
Handel, G.: Einführung in die Regelungstechnik. Z. ges. Textilind. **70** (1968) 12, S. 886–890.
Rüb, F.: Aufbereitung der Brauchwässer in der Textilindustrie. Chemiefasern **19** (1969) 1, S. 58–61.
Banerjee, B. L.: Wirtschaftliche Dimensionen von Jutesäcken für die Verpackung verschiedener Materialien. Textile Manuf. **94** (1968) 1126.

Ökonomie

Beschnitt, E.: Textilmaschinenbau zieht Konsequenzen aus der prognostizierten Entwicklung. Wirtschaft, Ausg. A **24** (1969) 5, S. 12.
Bernicke, H.: Die sozialistische Wirtschaftsführung, wesentlicher Bestandteil der marxistisch-leninistischen Organisationswissenschaft. Dt. Textiltechnik **18** (1968) 12, S. 752–757.
Frohn, G.: Der Leiter braucht eine eigene wissenschaftliche Führungskonzeption. Wirtschaft, Ausg. A **24** (1969) 1, S. 6–7.
Alfred, A. M.: Rationalisierung in der Textilindustrie. Textile Inst. Ind. **6** (1968) 12, S. 328–330.
Roelants du Vivier, B.: Der Bedarf an textilen Faserstoffen in Europa im Verlaufe des nächsten Jahrzehnts. Ind. textile, Paris (1968) 972, S. 603 bis 606.
Kabaivanov, V.: Entwicklung und Erfolge der Plastproduktion in VR Bulgarien. Plast. Massy, Moskva (Plast. Massen) (1968) 11, S. 3–4.
Roven'kova, T. A., Pokrovskaja, N. B., Adler, Ju. P.: Anwendung statistischer Planierungsmethoden von Versuchen bei der Untersuchung eines technologischen Vorganges. Chim. Volokna (Chem. Fasern) (1968) 6, S. 27–30.

Sonderfragen

König, O.: Probleme bei der Vorbereitung der sozialistischen Großforschung. Wirtschaft, Ausg. A **24** (1969) 5, S. 13.
Müntefering, K.-H.: Zusammenarbeit von Techniker und Kaufmann im Industriebetrieb. Z. ges. Textilind. **71** (1969) 1, S. 35–36.
Sinn, R., Berger, R.: Leitfaden für das Abfassen von technischen Versuchsberichten für Industrieunternehmen. VDI-Z. **110** (1968) 36, S. 1589–1593.
Stussig, H.: Mögliche Zukunftsentwicklung in der Textilindustrie. Melliand Textilber. **49** (1968) 12, S. 1367–1373.
Cordelier, M., Freytag, R.: Organisation und Arbeiten des Institut Textile de France. Melliand Textilber. **49** (1968) 12, S. 1471–1474.

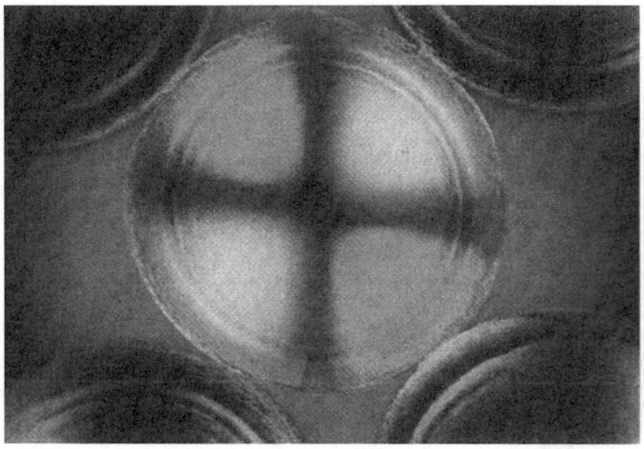

a) Gelsphärite im polarisierten Licht bei gekreuzten Polars, Gips Rot I, mit konzentrischen Strukturen, 10 : 1

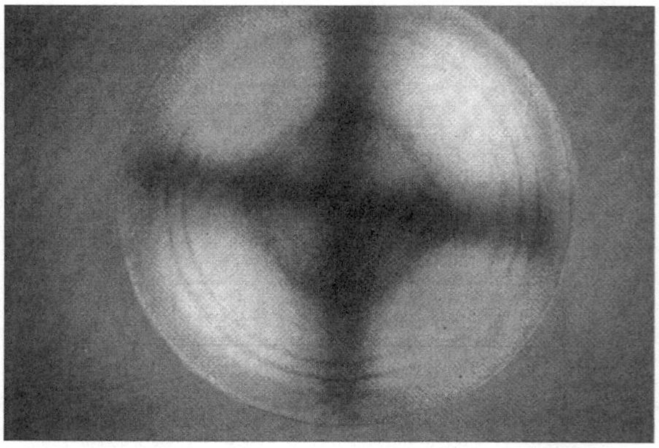

b) Gelsphärit wie in a), 12,5 : 1

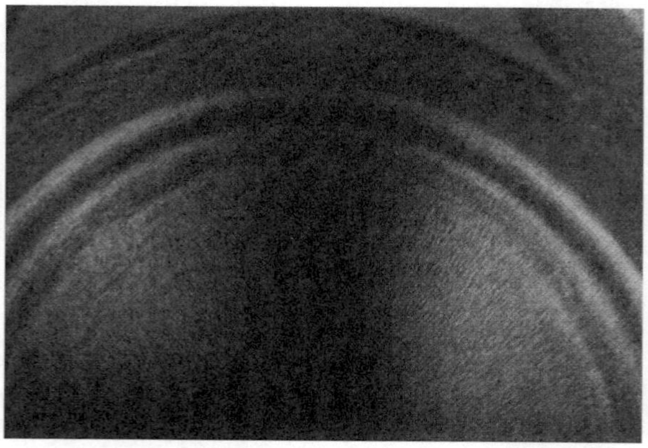

c) Teilansicht eines Gelsphäriten mit radialer Kapillarstruktur, 25 : 1

Bild 5. Gelsphärite aus Tl-Cellulosexanthogenat, entstanden durch Eintropfen von Na-Cellulosexanthogenatsol (1%ig an Cellulose) in eine gesättigte Tl NO_3-Lösung

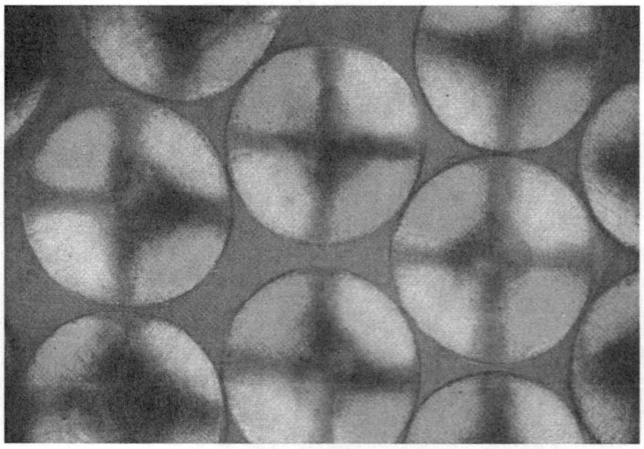

a) Gelsphärite im polarisierten Licht bei gekreuzten Polars mit Gips Rot I, 1 n $Zn(NO_3)_2$ Lösung, 6 : 1

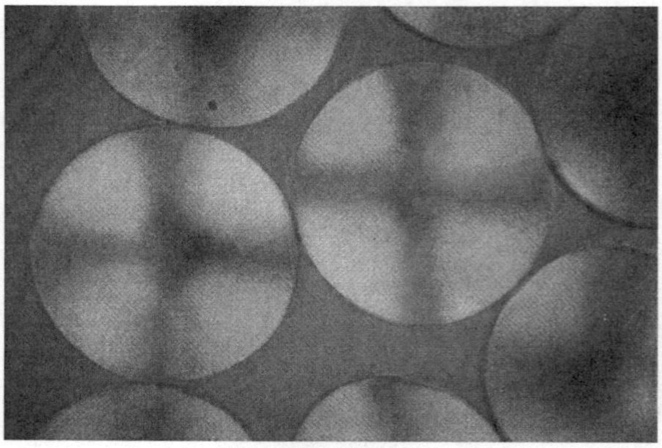

b) Gelsphärite im polarisierten Licht bei gekreuzten Polars mit Gips Rot I, 1 n $ZnSO_4$-Lösung, 6 : 1

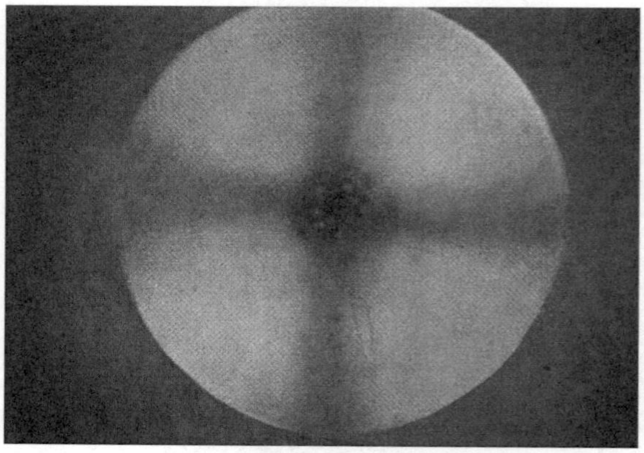

c) Gelsphärit wie 6 b mit periodischen Schrumpfungsstrukturen, 10 : 1

Bild 6. Gelsphärite aus Zn-Cellulosexanthogenat, entstanden durch Eintropfen von Na-Cellulosexanthogenatsol (1% an Cellulose) in 1 n Zn-Salzlösungen

In den Bildern 5 und 6 zeigt das Achsenkreuz im polarisierten Licht bei gekreuzten Polars die tangentiale Orientierung der anisometrischen Cellulosexanthogenatmoleküle in den Gelkugeln. Sie weisen negative Sphäritendoppelbrechung auf, bezogen auf den Radius der Sphäritenkugeln, mit tangentialer Anordnung von optisch positiven Teilchen.

FSC
www.fsc.org
MIX
Papier | Fördert gute Waldnutzung
FSC® C083411

Zeitfracht Medien GmbH
Ferdinand-Jühlke-Straße 7
99095 Erfurt, Deutschland
produktsicherheit@kolibri360.de